Die Abhängigkeit des erfolgreichen Fernsprechanrufes von der Anzahl der Verbindungsorgane.

DISSERTATION

zur Erlangung der Würde eines Doktor-Ingenieurs

der

Kgl. Techn. Hochschule zu Berlin

vorgelegt von

Diplom-Ingenieur **Friedrich Spiecker**

aus Cöln a. Rh.

Referent: Prof. Dr. **R. Franke.**

Korreferent: Geh. Reg -Rat Prof. Dr. **Hettner.**

Genehmigt den 10. Juli 1913.

Springer-Verlag Berlin Heidelberg GmbH 1913

ISBN 978-3-662-24262-9 ISBN 978-3-662-26375-4 (eBook)
DOI 10.1007/978-3-662-26375-4

Inhaltsverzeichnis.

1. Die Bedeutung der Zahl der Verbindungsorgane für den Fernsprechverkehr.

Als durch die Erfindung des Fernsprechers die zivilisierte Welt ein neues Verkehrsmittel erhielt, mußte man bald darauf sinnen, wenigstens innerhalb der Städte jedem einzelnen Teilnehmer die Möglichkeit zu geben, mit jedem anderen Teilnehmer zu verkehren. Da es nicht möglich war, jeden Teilnehmer mit allen anderen dauernd zu verbinden, so wurden alle Teilnehmerleitungen in einer „Zentrale" zusammengeführt, wo dann auf Wunsch der betreffenden Teilnehmer ihre Anschlußleitungen für die Dauer eines Gesprächs miteinander verbunden wurden. Hierzu bediente man sich einer besonderen, leicht verlegbaren Leitung, eines Verbindungsorganes. Später konnten die Teilnehmer einer Stadt nicht mehr in einer Zentrale untergebracht werden. Die Städte wurden in mehrere Bezirke eingeteilt, von denen jeder ein besonderes Fernsprechamt erhielt. Damit nun alle Teilnehmer einer Stadt miteinander verkehren konnten, mußten zwischen den einzelnen Ämtern besondere Verbindungsleitungen gelegt werden, über welche dann die einzelnen Teilnehmer miteinander verbunden wurden. Auch diese Leitungen fallen in die Klasse der Verbindungsorgane.

In der ersten Zeit wurde die Herstellung und die Auflösung der Verbindungen durch Beamte oder Beamtinnen ausgeführt, welche während der Zeit des Gespräches der beiden Teilnehmer sich der Herstellung anderer Verbindungen widmen konnten, da der Schluß eines Gespräches durch Überwachungsapparate ihnen selbsttätig mitgeteilt wurde. Mit dem Fortschreiten der Fernsprechtechnik ging man aber dazu über, diese Menschenarbeit durch Maschinen zu ersetzen. So oft ein Teilnehmer eine Verbindung wünscht, wird er automatisch mit einem freien Wähler verbunden, der dann, veranlaßt durch die elektrischen Stromimpulse, die von der Station des anrufenden Teilnehmers ausgegeben werden, den anrufenden Teilnehmer mit dem von ihm gewünschten Teilnehmer verbindet. Bei den meisten automatischen Ämtern bleibt nun dieser Wähler, der also wiederum ein Verbindungsorgan darstellt, für die Dauer eines Gespräches mit dem anrufenden Teilnehmer verbunden; er ist also belegt.

Mit dem Anwachsen des Fernsprechverkehrs wurden unter anderem auch die Ausgaben für die Verbindungsorgane immer größer. Schon lange hatte man es aufgegeben, die Anzahl der Verbindungsorgane gleich der Anzahl der Anschlüsse zu machen; aber eine allzu große Herabsetzung ihrer Zahl bringt eine große Verkehrshemmung mit sich, da eine zu kleine Zahl nicht den Schwankungen des Verkehrs genügt.

Es sind daher in letzter Zeit von einigen bedeutenden Telephonfirmen und Fernsprechtechnikern Erfahrungsformeln aufgestellt worden, aus denen die Anzahl der erforderlichen Verbindungsorgane aus der mittleren Gesprächsdauer und der Anzahl der stündlichen Gespräche bestimmt wird.

Zunächst ist von der Western Electric Co. in Amerika die Formel aufgestellt worden

$$i = n\,t + 4{,}2\,\sqrt{(1 - t)\,n\,t} \quad \ldots\ldots\ldots\ldots \quad (1$$

wobei n die Anzahl der stündlichen Gespräche, t die mittlere Gesprächsdauer in Stunden, i die Anzahl der Verbindungsleitungen (iunctio) bedeutet.

Ebenfalls für Handfernsprechämter gilt die Formel der ehemaligen National Telephone Co. in England:

$$n = \frac{7 \,.\, i \,.\, \frac{1}{t}}{7 + \sqrt{1 + \frac{240}{i}}} \quad \ldots\ldots\ldots\ldots \quad (2$$

Schließlich ist noch für Automatenamter von dem Amerikaner Campbell festgestellt worden:

$$i = n\,t + 2{,}8\,\sqrt[3]{n\,t} \quad \ldots\ldots\ldots\ldots \quad (3$$

Von diesen Formeln zeigen (1) und (3) eine gewisse Verwandtschaft, da beide auf der rechten Seite einen Summanden $n\,t$ enthalten. Beginnen nämlich mit dem Umfang der Beobachtungsstunde i' Belegungen und wird jede Belegung durch eine neue abgelöst, so ist $i' = n.t.$
Diese

$$i' + n\,t$$

Organe bilden also gewissermaßen die Grundorgane, während die

$$i'' = 4{,}2\,\sqrt{(1 - t)\,n\,t}$$

Organe der Western als Zusatzorgane zu bezeichnen sind, ebenso wie die

$$i'' = 2{,}8\,\sqrt[3]{n\,t}$$

Organe von Campbell.

In Formel (1) ist noch das Glied $(1 - t)$ beachtenswert. Dasselbe ist augenscheinlich eingeführt, um eine offenbare Ungenauigkeit zu beseitigen. Setzt man nämlich

$$n = 4, \qquad t = 1,$$

so würde Formel (1) ohne dieses Glied, also

$$i = n\,t + 4{,}2\,\sqrt{n\,t}$$

ergeben.

$$i = 4 + 4{,}2 \,.\, 2, \qquad i = 12{,}4.$$

Da aber nur 4 Gespräche geführt werden, so sind die 8,4 Zusatzorgane überflüssig.

Campbell hat diesen Zusatz fortgelassen, da er bei der üblichen mittleren Gesprächsdauer von 3 und weniger Minuten überflüssig ist.

Fig. 1 und 2 zeigen den Verlauf der Kurve

$$f(n, i) = 0,$$

nach Formel (1), (2) und (3). Wie daraus zu ersehen ist, nimmt die Western-Kurve be-

30
20
10
8
6
4
2
0
Anzahl der Leitungen
Western
Campbell
National
Zeit 3 Minuten
Anzahl der Gespräche
50
100
150
200
250
300

Fig. 1.

150
120
90
80
70
60
50
40
30
20
10
0
Anzahl der Leitungen
Western
National
Campbell
Zeit 3 Minuten
Anzahl der Gespräche
500
1000
1500
2000
2500
3000

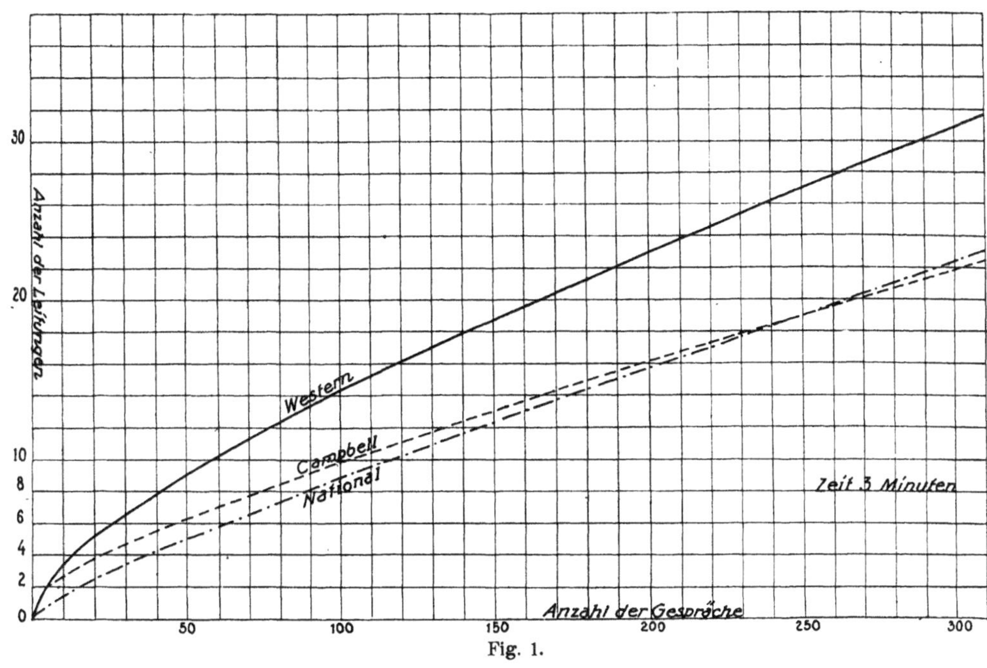

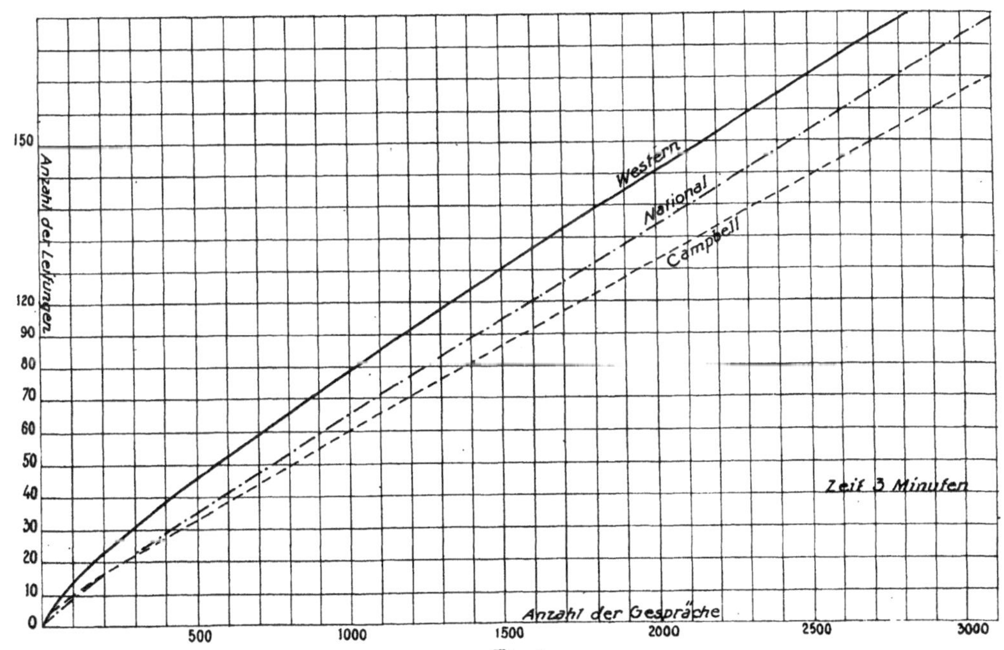

Fig. 2.

deutend größere Zahlen von i an als Campbell und National, von denen sich allerdings die National-Kurve langsam der Western-Kurve nähert.

Keine dieser Formeln gibt aber ein direktes Bild vom Gütegrad des Verkehrs einer bestimmten Zentrale. Es liegt ja wohl auf der Hand, daß eine größere Zahl von Verbindungsorganen einen besseren Verkehr verbürgt als eine geringere, aber um wieviel der Verkehr verbessert ist, läßt sich aus diesen Formeln nicht erkennen.

Fragt man sich, wodurch der Gütegrad eines Fernsprechamtes in bezug auf die Zahl der Verbindungsorgane gekennzeichnet wird, so lautet die Antwort: In dem Verhältnis der Zeit, in welcher nicht sämtliche Verbindungsorgane besetzt sind, zu der gesamten Beobachtungszeit. Würde nämlich ein neuer Anruf, der zu den bereits vorhandenen n Gesprächen der Beobachtungszeit hinzukommt, auf einen Moment treffen, in dem sämtliche Verbindungsorgane belegt sind, so würde er erfolglos sein. Je größer also die Zahl der Momente innerhalb der Beobachtungszeit ist, in denen alle Verbindungsorgane belegt sind, um so geringer ist für den neuen Anruf die Wahrscheinlichkeit des Erfolges und damit die Güte des Verkehrs.

Eine auf dieser Basis durchgeführte Wahrscheinlichkeitsrechnung würde also den Gütegrad der Anlage zeigen. Im Gegensatz zur Güte der Anlage ist dann die Wirtschaftlichkeit der Anlage zu stellen; denn je mehr Verbindungsorgane eingestellt sind, um so geringer ist die Ausnutzung des einzelnen, um so geringer ist dann auch der prozentuale Gewinn des in die Verbindungsorgane gesteckten Kapitals. Nun hat W. H. Grinstedt schon 1907 in seiner Arbeit „A study of Telephone Traffic Problems“ die Wahrscheinlichkeitsberechnung für die Berechnung der Zahl der Verbindungsorgane zugrunde gelegt. Die rein theoretische Arbeit enthält aber keine Vergleiche mit der Praxis, auch sind noch einige Irrtümer in ihr vorhanden. Der Verfasser dieser Arbeit sah sich daher veranlaßt, das Wahrscheinlichkeitsproblem noch einmal genau durchzuarbeiten und zugleich durch einen Versuch die Beziehungen zwischen Theorie und Praxis festzustellen.

2. Grundlagen für die Anwendung der Wahrscheinlichkeitsrechnung auf den Fernsprechverkehr.

Im vorigen Abschnitt ist betont worden, daß die Wahrscheinlichkeit eines nicht erfolgreichen Anrufes von dem Verhältnis der Zeit, in der alle Verbindungsorgane gleichzeitig belegt sind, zu der Beobachtungszeit abhängt. Es ist daher festzustellen, ob ein Verbindungsorgan nicht allein während der Gesprächsdauer belegt ist, sondern auch

1. während der Zeit vom Moment der Herstellung der Verbindung bis zum Antworten des angerufenen Teilnehmers;
2. während der Zeit von der Beendigung des Gespräches bis zum Trennen der Verbindung;
3. während der Zeit, in der eine Verbindung hergestellt ist, wo der Angerufene nicht antwortet.

In Automatenämtern kommt stellenweise noch die Zeit eines Besetztanrufes hinzu, oder auch die Zeit, in der nur ein Teil der gewünschten Verbindung hergestellt war, die dann vom anrufenden Teilnehmer vor beendigter Herstellung der Verbindung wieder aufgehoben wurde. Alle diese Zeiten sollen unter dem Begriff „Belegungszeit“ zusammengefaßt werden; wohl zu unterscheiden ist hiervon der „Anruf“, worunter in folgendem immer nur der Moment des Anrufes zu verstehen ist.

Nun ist die Belegungsdauer eine sehr variable Größe, sie kann wenige Sekunden lang sein, sie kann aber auch mehrere Minuten, ja sogar Stunden dauern. Das letztere tritt u. a. in Automatenämtern ein, wenn ein Teilnehmer nach beendetem Gespräch den Hörer nicht wieder auflegt. Um nun die Berechnung möglichst zu vereinfachen, soll als Belegungsdauer das arithmetische Mittel aus der Summe der sämtlichen Belegungen verwandt werden. Es ist dann Aufgabe eines Versuches zu beweisen, ob hierdurch das Verhältnis zwischen Theorie und Praxis stark beeinträchtigt wird.

Für den ersten Teil der Berechnung soll nun angenommen werden, daß die Möglichkeit vorhanden ist, daß sämtliche Belegungen, die innerhalb einer bestimmten Beobachtungszeit eintreffen, in einem bestimmten beliebig gelegenen Moment der Beobachtungszeit gleichzeitig vorliegen können. Voraussetzung hierzu ist, daß die Zahl der Teilnehmer größer ist als die Zahl der Belegungen in der Beobachtungszeit. Sind alle Teilnehmer in einer Gruppe vereinigt, die mit keiner anderen Gruppe in irgendwelcher Verbindung steht, so muß die Zahl der Teilnehmer sogar mindestens doppelt so groß sein wie die Zahl der Belegungen. Bei Gelegenheit der Entwickelung der Beziehungen zwischen der vorliegenden Aufgabe und dem Bernoullischen Wahrscheinlichkeitsproblem soll dann nachgewiesen werden, wie die Berechnung sich ändert, für den Fall, daß diese Bedingung nicht erfüllt ist.

Der Gang der Berechnung soll nun folgendermaßen gestaltet werden. Zunächst sollen die Verkehrsverhältnisse bei unbegrenzten Verbindungsmöglichkeiten nachgewiesen werden. Hierunter ist zu verstehen, daß so viele Verbindungsmöglichkeiten vorhanden sind, als überhaupt Belegungen gleichzeitig erfolgen können, also bei n Belegungen in der Beobachtungszeit auch n Verbindungsorgane. In einem zweiten Teile sollen dann die Verkehrsverhältnisse bei einer begrenzten Zahl von Verbindungsmöglichkeiten nachgewiesen werden, wobei immer auf die gleichen Verhältnisse bei unbegrenzten Verbindungsmöglichkeiten zurückgegriffen werden muß. Im letzten Teil wird dann schließlich eine für die Praxis bequeme Rechnungsart nachgewiesen, wobei zugleich die bisher bekannten Formeln von Campbell, Western, National einer Kritik unterzogen werden.

Es ist nur noch zu erwähnen, daß die im folgenden aufgestellten Formeln nur gültig sind bei Systemen, in denen die einzelnen Verbindungsorgane allen Teilnehmern derselben Gruppe in gleicher Weise zugänglich sind. Ist dies nicht der Fall, so hat der Teilnehmer mit der besseren Verbindungsmöglichkeit auch die größere Aussicht auf Erfolg.

3. Die Versuchsanordnung zum Vergleich der theoretischen Berechnung mit der Praxis.

Um mit der theoretischen Berechnung das tatsächliche Verhalten in einer Telephonzentrale vergleichen zu können, wurde vom Verfasser in der Hauptzentrale des Verwaltungsgebäudes der Allgemeinen Elektrizitäts-Gesellschaft mit Genehmigung der Direktion in der Zeit vom 19. bis 30. November 1912 ein zehntägiger Versuch gemacht.

Die Hauszentrale der A. E. G. ist eine automatische Vermittlungsstelle nach dem System der Firma „Siemens & Halske“. Zur Zeit des Versuches waren an die Vermittlungsstelle 250 Sprechstellen angeschlossen. Dieselben waren in zwei Gruppen zu 100 und eine Gruppe zu 50 Teilnehmern unterteilt. Für den Versuch wurde das zweite Hundert gewählt. Jeder Sprechstelle ist ein Vorwähler zuerteilt, der unter zehn ihm zugänglichen ersten Gruppenwählern einen freien Gruppenwähler zu Beginn der Belegung auswählt. Im ganzen standen den 100 Sprechstellen des zweiten Hunderts zehn erste Gruppenwähler zur Verfügung, die aber von den weiteren 150 angeschlossenen Teilnehmern nicht erreicht werden können.

Wird nun ein erster Gruppenwähler von einer beliebigen Sprechstelle aus belegt, so fließt für die Gesamtdauer der Belegung über die Prüfader vom ersten Gruppenwähler bis zum Vorwähler ein konstanter Strom. Dieser Strom wurde den zehn Gruppenwählern des zweiten Hunderts durch eine gemeinsame Leitung zugeführt, die von allen weiteren Stromabgaben frei war. Schaltet man also in diese Stromzuleitung einen Strommesser ein, so läßt sich an der Größe des Ausschlages die Anzahl der gleichzeitigen Belegungen erkennen; denn jeder Gruppenwähler verbraucht ja aus dieser Leitung den gleichen konstanten Strom für die Dauer einer Belegung. Es wurde daher an dieser Stelle ein registrierendes Amperemeter eingeschaltet, das also für jeden Moment die Anzahl der vorliegenden Belegungen nachwies. Eine solche Stromkurve vom 27. November vorm. zeigt Figur (3). Da während der ganzen Zeit niemals mehr als neun Belegungen gleichzeitig verlangt wurden, während zehn Verbindungsorgane zur Verfügung standen, so kann für die Zeit des Versuches die Anzahl der Verbindungsmöglichkeiten in gewissem Sinne unbegrenzt genannt werden; denn keine der verlangten Belegungen mußte wegen mangelnder Belegungsmöglichkeit unterbleiben.

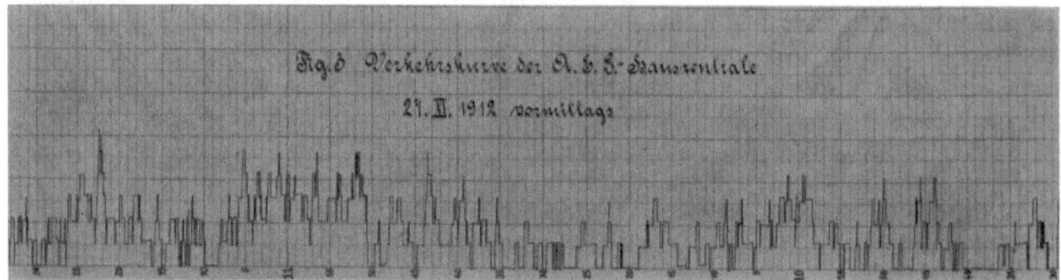

Die Anzahl der Belegungen im zweiten Hundert wurde gleichzeitig durch einen Gesprächszähler festgestellt, der halbstündlich abgelesen wurde. Um eine möglichst große Anzahl gleicher Gruppen zu erhalten, wurde die ganze Versuchszeit in halbstündige Versuche eingeteilt. Nach den Ablesungen des Zählers wurden dann die Halbstunden in Gruppen möglichst gleicher Belegungszahlen eingeteilt. Diesen Gruppen wurden dann die Stromkurven zugrunde gelegt, aus denen auch die genauen Belegungszahlen ermittelt wurden. Die mittlere Belegungszeit wurde aus den Stromkurven mittels Planimeter ermittelt. Der Flächeninhalt der Stromkurve ist nämlich ein Produkt aus Strom mal Zeit. Dividiert man daher den Flächeninhalt der Stromkurve durch die Belegungszahl mal der konstanten Stromstärke, die zur Belegung eines Gruppenwählers benötigt wird, so erhält man die mittlere Zeitdauer einer Belegung.

Für den Vergleich mit der theoretischen Berechnung wurden die vier größten Gruppen ausgewählt, da die Wahrscheinlichkeitsrechnung nur dann mit der Praxis übereinstimmt, wenn eine möglichst große Versuchsreihe zugrunde gelegt wird.

Die erste Versuchsreihe umfaßt bei 42 durchschnittlichen Belegungen und einer mittleren Gesprächsdauer von 0,8325 min 26 Halbstunden.

Die zweite Versuchsreihe umfaßt bei 50 durchschnittlichen Belegungen und einer mittleren Versuchsdauer von 0,8176 min 40 Halbstunden.

Die dritte Versuchsreihe umfaßt bei 59 durchschnittlichen Belegungen und einer mittleren Versuchsdauer von 0,8083 min 33 Halbstunden.

Die vierte Versuchsreihe umfaßt bei 68 durchschnittlichen Belegungen und einer mittleren Versuchsdauer von 0,7751 min 33 Halbstunden.

Im Verlauf der Berechnung werden nach Aufstellung einer jeden wichtigeren Formel die theoretischen Werte mit den Versuchsresultaten verglichen werden. Außerdem befindet sich am Schluß dieser Arbeit die vollständige Auswertung und Berechnung der zweiten Versuchsreihe.

4. Wie groß ist die Wahrscheinlichkeit, daß bei *n* stündlichen Anrufen *a* Anrufe während eines bestimmten Zeitabschnittes eintreffen.

Die Dauer des fraglichen Zeitabschnittes sei t Min $= \frac{1}{m}$ Stunden.

Ferner sei vorausgesetzt, daß zwei oder mehr Anrufe niemals genau gleichzeitig eintreffen können, sondern daß sie immer durch ein, wenn auch äußerst kleines Zeitintervall T getrennt sind. Ist T in Stunden ausgedrückt, so läßt sich eine Stunde in

$$\frac{1}{T} = R$$

solcher Zeitintervalle einteilen, die fortan Zeitteilchen genannt werden sollen, weil sie gewissermaßen die äußerste Teilbarkeit der Zeit anzeigen. Unter der Voraussetzung, daß ein Anruf immer in die Mitte eines solchen Zeitteilchens falle, unterscheidet man zwischen anrufbehafteten und anruffreien Zeitteilchen. Die Anzahl der anrufbehafteten Zeitteilchen ist dann gleich n, die der anruffreien Zeitteilchen ist

$$N = R - n.$$

Der zu beobachtende Zeitabschnitt setzt sich nun aus einer Anzahl Zeitteilchen zusammen und zwar ist:

$$R_a = \frac{R}{m}$$

Es soll nun jedes Zeitteilchen, das in den bestimmten Zeitabschnitt fällt, darauhin untersucht werden, ob es anrufbehaftet oder anruffrei ist. Da verlangt wird, daß innerhalb des bestimmten Zeitabschnittes genau a anrufbehaftete Zeitteilchen erscheinen, während die übrigen $R_a - a$ Zeitteilchen anruffrei sein sollen, soll zunächst die Wahrscheinlichkeit berechnet werden, daß die ersten a Zeitteilchen sämtlich anrufbehaftet sind, während die übrigen $R_a - a$ Zeitteilchen anruffrei sein sollen.

Als erstes Zeitteilchen können im ganzen R Zeitteilchen erscheinen. Die Anzahl der möglichen Fälle ist also $M = R$. Günstig sind alle Fälle, in denen ein anrufbehaftetes Zeitteilchen erscheint. Die Anzahl der anrufbehafteten Zeitteilchen und somit der günstigen Fälle ist also $G = n$. Die Wahrscheinlichkeit, daß das erste Zeitteilchen ein anrufbehaftetes ist, ist folglich

$$p_1 = \frac{n}{R}$$

Ist nun das erste Zeitteilchen ein anrufbehaftetes, so ist mit dieser Wahrscheinlichkeit die Wahrscheinlichkeit zusammenzusetzen, daß das zweite Zeitteilchen ebenfalls anrufbehaftet ist. Die Anzahl der möglichen Fälle ist dann um 1 geringer, da ein Zeitteilchen bereits festgelegt ist, es ist

$$M = R - 1.$$

Gleichzeitig ist aber auch die Zahl der günstigen Fälle um 1 geringer, nämlich

$$G = n - 1.$$

Die Wahrscheinlichkeit, daß das zweite Zeitteilchen ein anrufbehaftetes ist, ist somit

$$p_2 = \frac{n-1}{R-1}$$

In gleicher Weise ergibt sich die Wahrscheinlichkeit, daß das 3., 4., . . . a te Zeitteilchen ein anrufbehaftetes ist, zu

$$p_3 = \frac{n-2}{R-2}$$

$$p_4 = \frac{n-3}{R-3}$$

. . . .

$$p_a = \frac{n-(a-1)}{R-(a-1)}$$

Die Wahrscheinlichkeit also, daß das erste, zweite, dritte usw. bis a te Zeitteilchen anrufbehaftet ist, ergibt sich also als zusammengesetzte Wahrscheinlichkeit aus

$$p_1 \cdot p_2 \cdot p_3 \; . \; . \; . \; . \; p_a = P_a$$

$$P_a = \frac{n(n-1)(n-2) \; . \; . \; . \; . \; . (n-(a-1))}{R(R-1)(R-2) \; . \; . \; . \; . \; (R-(a-1))} \quad . \; . \; . \; . \; . \; . \; . \; . \quad (4$$

Es ist nun zur Bedingung gemacht worden, daß die übrigen $R_a - a$ Zeitteilchen anruffrei sind. Es ist daher zunächst die Wahrscheinlichkeit zu berechnen, daß das $(a+1)$ te Teilchen ein anruffreies ist. Die Anzahl der möglichen Fälle ist wieder um 1 kleiner als bei der Wahrscheinlichkeit p_a nämlich

$$M = R - a.$$

Da aber noch kein anruffreies Zeitteilchen festgelegt ist, so ist die Anzahl der günstigen Fälle

$$G = N.$$

Die Wahrscheinlichkeit, daß das $(a+1)$ te Zeitteilchen ein anruffreies ist, ist daher

$$p'_{a+1} = \frac{N}{R-a}.$$

Da nun das erste anruffreie Teilchen festliegt, wird für die Wahrscheinlichkeit, daß das $(a+2)$ te Teilchen ein anruffreies ist, die Zahl der günstigen Fälle wieder um 1 geringer, nämlich

$$G = N - 1;$$

gleichzeitig nimmt auch die Zahl der möglichen Fälle wieder um 1 ab, es ist

$$M = R - (a+1),$$

somit ist

$$p'_{a+2} = \frac{N-1}{R-(a+1)}.$$

In gleicher Weise ergibt sich die Wahrscheinlichkeit, daß das $(a+3)$te, das $(a+4)$te usf. bis das $R_a$te Teilchen anruffrei ist:

$$p'_{a+3} = \frac{N-2}{R-(a+2)},$$

$$p'_{a+4} = \frac{N-3}{R-(a+3)};$$

. . . .

$$p'_{R_a} = \frac{\mathrm{N}-(\mathrm{R}_a-a-1)}{R-(R_a-1)}.$$

Daraus folgt die Wahrscheinlichkeit, daß das $(a+1)$ste, das $(a+2)$te usf. bis das $R_a$te Zeitteilchen anruffrei sind, als zusammengesetzte Wahrscheinlichkeit aus

$$p'_{(a+1)} \cdot p'_{(a+2)} \cdot p'_{(a+3)} \cdot \cdot \cdot \cdot \; p'_{R_a} = P'_{R_a},$$

und es ist

$$P'_{R_a} = \frac{N\,(N-1)\,(N-2)\ldots.(N-[R_a-\mathrm{a}-1])}{(R-a)\,(R-[a+1])\,(R-[a+2])\ldots(R-[R_a-1])} \quad \ldots\ldots (5$$

Die Wahrscheinlichkeit, daß die ersten a Zeitteilchen anrufbehaftete, die übrigen $R_a - a$ aber anruffrei sind, ergibt sich dann als zusammengesetzte Wahrscheinlichkeit der Wahrscheinlichkeiten (4) und (5); nämlich

$$w = P_a \,.\, P'_{R_a},$$

$$w = \frac{n\,(n-1)\ldots(n-[a-1])\,.\,N\,.\,(N-1)\,.\,N-2)\ldots(N-[R_a-a-1])}{R\,(R-1)\,.\,.\,(N-[a-1])\,(R-a)\,(R-[a+1])\,(R-[a+2])\,.\,.\,(R-[R_a-1])} \,. \quad (6$$

Für die Aufgabe dieses Abschnittes sind nun aber alle Reihenfolgen günstig, in den R_a Zeitteilchen erscheinen, von denen a anrufbehaftet sind, während $(R_a - a)$ anruffrei sind. Die Anzahl dieser Reihenfolgen ist

$$A = \binom{R_a}{a} \quad \ldots\ldots\ldots\ldots\ldots (7$$

nämlich die Anzahl der Permutationen von R_a Elementen, von denen a gleiche und $(R_a - a)$ gleiche sind, und es ergibt sich somit die Wahrscheinlichkeit, daß innerhalb des Zeitraumes $t = \frac{1}{m}$ gerade a Anrufe erscheinen, wenn innerhalb der ganzen Beobachtungszeit n Anrufe erscheinen, aus Formel (6) und (7)

$$w_a = w \,.\, A.$$

$$w_a = \binom{R_a}{a} \frac{n\,(n-1)\,(n-2)\,.\,.\,(n-[a-1])\,N\,(N-1)\,.\,(N-2)\,.\,.\,(N-[R_a-a-1])}{R\,(R-1)\,(R-2)\,.\,.\,(R-[a-1])\,(R-a)\,(R-[a+1])\,(R-[a+2])\,.\,.\,(R-[R_a-1])} \quad (8$$

Formel (8) läßt sich folgendermaßen umformen

$$w_a = \frac{R_a\,(R_a-1)\,(R_a-2)\,.\,.\,(R_a-[a-1])\,.\,n\,(n-1)\,.\,.\,(n-[a-1])\,N.(N-1)\,.\,(N-2)\,.\,.\,(N-[R_a-a-1])}{a\,(a-1)\,(a-2)\,.\,.\,1\;R\,.\,[R-1]\,.\,.\,R-[a-1])\,(R-a)\,(R-[a+1])\,(R-[a+2])\,.\,.\,(R-[R_a-1])}$$

$$w_a = \underbrace{\frac{n(n-1)(n-2)\,.\,.\,(n-[a-1])}{a\,(a-1)\,(a-2)\,.\,.\,1}}_{A} \times \underbrace{\frac{.\,R_a(R_a-1)\,.\,.\,(R_a-[a-1])}{R\,.\,(R-1)\,.\,.\,(R-[a-1])}}_{B} \times \underbrace{\frac{.\,N\,.\,(N-1)\,.\,(N-2)\,.\,.\,(N-[R_a-a-1])}{(R-a)(R-[a+1])(R-[a+2])\,.\,(R-[R_a-1])}}_{C.}$$

Hierin ist

$$A = \binom{n}{a}$$

Ferner ist, da $R_a = \frac{R}{m}$

$$B = \frac{\frac{R}{m} \cdot \frac{R-m}{m} \cdot \frac{R-2m}{m} \cdots\cdots \frac{R-[a-1]m}{m}}{R\ (R-1) \cdot (R-2) \cdots\cdots (R-[a-1])}$$

$$= \frac{R \cdot (R-m) \cdot (R-2m) \cdots\cdots (R-[a-1]m)}{m^a R \cdot (R-1) \cdot (R-2) \cdots\cdots R-[a-1]}$$

$$= \frac{R^a 1 \cdot \left(1-\frac{m}{R}\right) \cdot \left(1-\frac{2m}{R}\right) \cdots\cdots \left(1-\frac{[a-1]m}{R}\right)}{m^a \cdot R_a \cdot 1 \left(1-\frac{1}{R}\right) \cdot \left(1-\frac{2}{R}\right) \cdots\cdots \left(1-\frac{a1}{R}\right)}.$$

Für $R = \infty$ wird

$$\frac{m}{R} = 0,\ \frac{2m}{R} = 0 \ldots.$$

und

$$\frac{1}{R} = 0,\ \frac{2}{R} = 0 \ldots.$$

und somit

$$B = \frac{1}{m^a}.$$

Schließlich ist, da $N = R - n$,

$$C = \frac{(R-n)(R-[n+1]) \ \ldots\ (R-[R_a-1]) \cdot (R-R_a) \ \cdots\cdots\ (R-R_a-[n-a-1])}{(R-a)(R-[a+1]) \ \ldots\ (R-[n-1])(R-n)(R-[n+1]) \ \ldots\ (R-[R_a-1])}$$

$$C = \frac{(R-R_a)(R-R_a-1) \ \cdots\cdots\ (R-R_a-[n-a-1])}{(R-a)(R-[a+1]) \ \cdots\cdots\ (R-[n-1])}$$

$$C = \frac{\left(R-\frac{R}{m}\right)\left(R-\frac{R}{m}-1\right)\left(R-\frac{R}{m}-1\right) \cdots\cdots \left(R-\frac{R}{m}-[n-a-1]\right)}{(R-a)(R-[a+1])(R-[a+2]) \ \cdots\cdots\ (R-[n-1])}$$

$$C = \frac{R^{n-a}\left(1-\frac{1}{m}\right)\left(1-\frac{1}{m}-\frac{1}{R}\right)\left(1-\frac{1}{m}-\frac{2}{R}\right) \cdots \left(1-\frac{1}{m}-\frac{n-a-1}{R}\right)}{R^{n-a}\left(1-\frac{a}{R}\right)\left(1-\frac{a+1}{R}\right)\left(1-\frac{a+2}{R}\right) \cdots\cdots \left(1-\frac{a-[n-a-1]}{R}\right)}$$

Für $R = \infty$ wird

$$\frac{1}{R} = 0,\ \frac{2}{R} = 0 \ldots \frac{n-a-1}{R} = 0$$

$$C = \left(1-\frac{1}{m}\right)^{n-a}.$$

Somit ist

$$w_a = \binom{n}{a}\left(\frac{1}{m}\right)^a \left(1-\frac{1}{m}\right)^{n-a} \quad \ldots\ldots\ldots\ldots \quad (9$$

Die rechte Seite von Formel (9) ist nun das $(a+1)$ Glied des Binoms

$$\left[\frac{1}{m}+\left(1-\frac{1}{m}\right)\right] = 1.$$

Läßt man nun a nacheinander die Werte

$$a = 0, 1, 2, \ldots, n$$

durchwandern, so wird der Wert w_a nacheinander gleich dem ersten, zweiten usf. bis $(n+1)$ sten Gliede des oben genannten Binoms werden.

Will man daher die alternative Wahrscheinlichkeit berechnen, daß in einem bestimmten Zeitabschnitt $t = \frac{1}{m}$ entweder 0 oder 1 oder 2 . . . bis n Anrufe eintreffen, so wird

$$W = \underset{a=0}{w_a} + \underset{a=1}{w_a} + \underset{a=2}{w_a} \ldots \underset{a=n}{w_a}$$

$$= \binom{n}{0}\left(\frac{1}{m}\right)^0 \cdot \left(1-\frac{1}{m}\right)^n + \binom{n}{1} \cdot \left(\frac{1}{m}\right)^1 \cdot \left(1-\frac{1}{m}\right)^{n-1} + \ldots + \binom{n}{n}\left(\frac{1}{m}\right)^n \left(1-\frac{1}{m}\right)^0$$

$$W = \left(\frac{1}{m} + \left[1-\frac{1}{m}\right]\right)^n$$

$$W = 1.$$

Da aber nicht mehr als n Anrufe vorliegen, muß eines der oben beschriebenen Ereignisse eintreffen, die alternative Wahrscheinlichkeit aller dieser Ereignisse ist also sicher.

5. Wie groß ist die Wahrscheinlichkeit, bei unbegrenzter Verbindungsmöglichkeit auf eine Gruppe von a gleichzeitigen Belegungen zu treffen.

Vorausgesetzt ist, daß die mittlere Belegungsdauer konstant ist, und zwar gleich dem arithmetischen Mittel aus der Summe sämtlicher Belegungszeiten: die mittlere Belegungsdauer sei

$$t = \frac{1}{m}.$$

Die oben gestellte Aufgabe geht dann auf die Aufgabe des vorigen Abschnittes zurück: Wie groß ist die Wahrscheinlichkeit, daß bei unbegrenzter Verbindungsmöglichkeit und einer mittleren Belegungsdauer von t min, innerhalb eines Zeitabschnittes, der gleich der mittleren Belegungsdauer ist, a Anrufe eintreffen?

Denn wenn die Belegungsdauer konstant ist, so müssen in dem bestimmten Augenblick des Versuches, der im übrigen innerhalb der ganzen Stunde beliebig liegen kann, alle die Belegungen noch bestehen, die in einem beliebigen Moment des Zeitabschnittes begonnen wurden, der gleich der Belegungsdauer ist und dem Versuchsmoment vorausgeht. Es ist also nach Formel (9)

$$w_a = \binom{n}{a}\left(\frac{1}{m}\right)^a \left(1-\frac{1}{m}\right)^{n-a}.$$

Für eine spätere Aufgabe sei hier schon darauf aufmerksam gemacht, daß Formel (9) nicht nur für den Beginn, sondern auch für den Abschluß der Belegungen gilt, denn bei konstanter Belegungsdauer müssen auch innerhalb der t min, die auf den Beobachtungsmoment folgen, die sämtlichen a vorliegenden Belegungen beendet werden. Die Wahrscheinlichkeit, daß innerhalb der mittleren Belegungsdauer a Belegungen beendet werden, ist also identisch mit der Wahrscheinlichkeit, daß in einem bestimmten Momente a Belegungen vorliegen. Bei unbegrenzter Verbindungsmöglichkeit ist somit auch die Wahrscheinlichkeit, daß innerhalb einer bestimmten Zeitdauer a Belegungen beendet werden, identisch mit der Wahrscheinlichkeit, daß innerhalb derselben Zeitdauer a Anrufe eintreffen.

Das Wahrscheinlichkeitsproblem dieses Abschnittes läßt sich noch auf eine zweite Weise lösen.

Man denke sich die n Belegungen, die insgesamt in der Beobachtungsstunde erledigt werden, einzeln besonders gekennzeichnet: $b_1, b_2, b_3, \ldots b_n$.

Die Wahrscheinlichkeit, in einem bestimmten Augenblick auf die Verbindung b_1 zu stoßen, ist dann

$$p_1 = \frac{1}{m},$$

wenn $\frac{1}{m} = t$ die Belegungsdauer in Stunden ist.

Ebenso ist die Wahrscheinlichkeit: nicht auf die Belegung b_1 zu stoßen als entgegengesetzte Wahrscheinlichkeit

$$p_1' = 1 - \frac{1}{m}.$$

Die Wahrscheinlichkeit auf die a Belegungen $b_1, b_2, \ldots b_a$ zu stoßen, ist dann die zusammengesetzte Wahrscheinlichkeit aus

$$p_1 \cdot p_2 \cdots p_a = \left(\frac{1}{m}\right)^a.$$

Die Wahrscheinlichkeit, auf die $n - a$ Belegungen $b_{a+1}, b_{a+2}, \ldots b_n$ nicht zu stoßen, ergibt sich dann als zusammengesetzte Wahrscheinlichkeit aus den entgegengesetzten Wahrscheinlichkeiten

$$p'_{a+1} \cdot p'_{a+2} \cdot p'_{a+3} \cdots p_n = \left(1 - \frac{1}{m}\right)^{n-a}.$$

Die Wahrscheinlichkeit, nur auf die ersten a Belegungen zu stoßen, die übrigen $n - a$ Belegungen in demselben Moment nicht zu treffen, ist die zusammengesetzte Wahrscheinlichkeit aus

$$(p_1 \cdot p_2 \cdots p_a) \cdot (p'_{a+1} \cdot p'_{a+2} \cdots p'_n) = \left(\frac{1}{m}\right)^a \cdot \left(1 - \frac{1}{m}\right)^{n-a}.$$

Will man aber nicht gerade die a ersten Belegungen, sondern irgendwelche a Belegungen antreffen, während man die restlichen $n - a$ Belegungen nicht anzutreffen wünscht, so ist zu berücksichtigen, daß n Elemente auf $\binom{n}{a}$ verschiedene Weisen sich zur a ten Klasse ohne Wiederholungen kombinieren lassen. Man erhält also als Antwort auf die Aufgabe dieses Abschnittes:

Wie groß ist die Wahrscheinlichkeit, bei unbegrenzter Verbindungsmöglichkeit auf ein Gruppe von a gleichzeitigen Belegungen zu treffen?

wiederum Formel (9):

$$w_a = \binom{n}{a} \left(\frac{1}{m}\right)^a \left(1 - \frac{1}{m}\right)^{n-a}.$$

Die letzte Ableitung der Formel (9) ist gewählt worden, um auf die engen Beziehungen der vorliegenden Aufgabe mit dem Bernoullischen Wahrscheinlichkeitsproblem hinzuweisen.

Die erste Fragestellung des Bernoullischen Problem lautet (nach Czuber: Wahrscheinlichkeitsrechnung I S. 109 ff.):

Wenn über zwei entgegengesetzte Ereignisse p und p', deren Wahrscheinlichkeiten $\frac{1}{m}$ und $\left(1-\frac{1}{m}\right)$ konstant sind, n Versuche angestellt werden, so ist die Wahrscheinlichkeit, daß das Ereignis p a-mal, das Ereignis p' $(n-a)$-mal eintritt,

$$w_a = \binom{n}{a}\left(\frac{1}{m}\right)^a\left(1-\frac{1}{m}\right)^{n-a}$$

Verglichen mit der hier gestellten Frage, ergibt sich, daß in dem Beobachtungsmoment gleichzeitig n mal versucht werden soll, ob von den beiden möglichen Ereignissen p und p' das eine oder das andere eintrifft. Der einzige Unterschied von dem Bernoullischen Problem besteht darin, daß dort die Versuche nacheinander an demselben Objekt (Urne mit schwarzen und weißen Kugeln usw.) n mal stattfinden sollen, während sie hier gleichzeitig an n verschiedenen kongruenten Objekten vorgenommen werden.

Bei Besprechung der Grundlagen der Wahrscheinlichkeitsrechnung ist darauf hingewiesen worden, daß die Wahrscheinlichkeitsformeln unter Zugrundelegung der Belegungszahl streng genommen nur dann Gültigkeit haben, wenn die Teilnehmerzahl

$$s \geqq n.$$

Nunmehr läßt sich auch an Hand dieser Lösung untersuchen, in welcher Weise die Formel abzuändern ist, wenn

$$s < n.$$

Es können dann nie mehr als s Belegungen gleichzeitig stattfinden. Da im ganzen n Belegungen von $\left(\frac{1}{m}\right)$ Stunden Dauer stattfinden, so kommen auf den Teilnehmer

$$\frac{1}{m_s} = \frac{n}{s\,.\,m}$$

Belegungsstunden. Die Wahrscheinlichkeit, daß der Teilnehmer Nr. 1 angerufen hat, ist dann

$$p_1 = \frac{1}{m_s}.$$

Und so ergibt sich analog der letzten Lösung der Aufgabe, die Wahrscheinlichkeit, daß a Teilnehmer in einem bestimmten aber beliebig gegebenen Moment angerufen haben:

$$w_a = \binom{s}{a}\left(\frac{1}{m_s}\right)^a\,.\left(1-\frac{1}{m_s}\right)^{n-a} \quad \text{(9a}$$

wobei

$$\frac{1}{m_s} = \frac{n}{s\,.\,m} \quad \text{(10}$$

Für die Berechnung läßt sich nun Formel

$$w_a = \binom{n}{a} \left(\frac{1}{m}\right)^a \left(1 - \frac{1}{m}\right)^{n-a} \quad \text{(9}$$

auf die bequemere Form

$$w_a = \binom{n}{a} (m-1)^{n-a} \left(\frac{1}{m}\right)^n \quad \text{(9b}$$

bringen; diese Vereinfachung ist besonders wichtig für die Berechnungen der späteren Abschnitte, da dort immer wieder w_a für mehrere Werte von a berechnet werden muß, alle diese Werte haben aber dann den gemeinsamen Faktor $\left(\frac{1}{m}\right)^n$.

Die im 4. Abschnitt beschriebene Versuchsanordnung ermöglicht es, die Übereinstimmung der rechnerischen Werte der Formel (9) mit der Praxis zu vergleichen. Bestimmt man nämlich aus den Stromkurven (Fig. 3) die Summe aller Zeiten einer jeden Versuchsreihe, in der gerade a Verbindungsorgane belegt waren, so ergibt das Verhältnis dieser Summe zur Gesamtdauer der Versuchsreihe, die Wahrscheinlichkeit, daß in einem bestimmten, beliebig gelegenen Moment der Versuchsreihe gerade a Belegungen vorliegen.

Ein Vergleich zwischen dem theoretischen und praktischen Werte ergab für

Versuchsreihe I. $n = 42$.

a	4	5	6	7
w_a theoretisch =	0,02278	0,00494	0,00087	0,00013
w_a praktisch =	0,01930	0,00449	0,00151	0,00029

Versuchreihe II. $n = 50$.

a	4	5	6	7
w_a theoretisch =	0,03519	0,00907	0,00191	0,00034
w_a praktisch =	0,03250	0,00998	0,00208	0,00046

Versuchreihe III. $n = 59$.

a	4	5	6	7
w_a theoretisch =	0,05335	0,01624	0,00405	0,00085
w_a praktisch =	0,04934	0,01222	0,00222	0,00043

Versuchsreihe IV. $n = 68$.

a	4	5	6	7
w_a theoretisch =	0,06795	0,02361	0,00642	0,00151
w_a praktisch =	0,06475	0,01985	0,00520	0,00048

Bei obigen Vergleichen muß beachtet werden, daß die Wahrscheinlichkeitsrechnung dem „Gesetz der großen Zahlen" unterworfen ist; dies trifft hauptsächlich für die Werte $a = 6$ und $a = 7$ zu, da hier die Zahl der günstigen Fälle verhältnismäßig gering ist. Unter Berücksichtigung dieser Einschränkung können obige Vergleichswerte als ausreichend bezeichnet werden.

6. Wie groß ist die Wahrscheinlichkeit, daß die Anzahl der gleichzeitigen Belegungen bei unbegrenzter Verbindungsmöglichkeit den Wert a nicht übersteigt?

Die verlangte Wahrscheinlichkeit ist eine alternative, nämlich die Wahrscheinlichkeit, daß entweder 0 oder 1 oder 2 . . . . bis zu a Belegungen gleichzeitig vorliegen. Es ist nun nach Formel (9)

$$w_0 = \binom{n}{0}\left(\frac{1}{m}\right)^0\left(1-\frac{1}{m}\right)^n$$

$$w_1 = \binom{n}{1}\left(\frac{1}{m}\right)^1\left(1-\frac{1}{m}\right)^{n-1}$$

$$w_2 = \binom{n}{2}\left(\frac{1}{m}\right)^2\left(1-\frac{1}{m}\right)^{n-2}$$

. . . .

$$w_a = \binom{n}{a}\left(\frac{1}{m}\right)^a\left(1-\frac{1}{m}\right)^{n-a}$$

Die alternative Wahrscheinlichkeit aller dieser Wahrscheinlichkeiten ist dann

$$W = w_0 + w_1 + w_2 + \ldots + w^a$$

$$W = \binom{n}{0}\left(\frac{1}{m}\right)^0\left(1-\frac{1}{m}\right)^n + \binom{n}{1}\left(\frac{1}{m}\right)^1\left(1-\frac{1}{m}\right)^{a-1} + \ldots + \binom{n}{a}\left(\frac{1}{m}\right)^a\left(1-\frac{1}{m}\right)^{n-a} \qquad (11$$

Würde man den Versuch, auf a oder weniger gleichzeitige Belegungen zu treffen, jeden Moment der Beobachtungszeit wiederholen, so ist nach dem Grundbegriff der Wahrscheinlichkeitsberechnung bei genügend großer Beobachtungszeit W_a das Verhältnis der günstigen Momente zur Gsamtzahl der Beobachtungsmomente.

Über die Werte w_o bis w_n läßt sich nun im Zusammenhang mit dem Bernoullischen Problem folgendes sagen:

w_o bis w_n sind Funktionen, wobei a die Werte von 0 bis n einnimmt

$$w_a \Big)_{a=0}^{a=n} = f(a)\,.$$

Für diese Werte bleibt die Funktion immer positiv; sie erreicht ein Maximum für

$$a = \frac{n}{m} \quad \ldots\ldots\ldots\ldots\ldots \qquad (12$$

da in diesem Falle

$$\frac{a}{n} = \frac{\frac{1}{m}}{1}$$

$$\frac{a}{n-a} = \frac{\frac{1}{m}}{1-\frac{1}{m}}$$

denn nach dem ersten Teil der Bernoullischen Theorie ist unter allen Ergebnissen, die in n Versuchen möglich sind, dasjenige am wahrscheinlichsten, in welchen das Verhältnis $a:(n-a)$ der Wiederholungszahlen von p und p' dem Verhältnis $\frac{1}{m}:\left(1-\frac{1}{m}\right)$ der Wahrscheinlichkeiten gleich oder am nächsten ist.

Diese Eigentümlichkeit des vorliegenden Wahrscheinlichkeitsproblems wurde mitgeteilt, da sie später bei der Kritik der Formeln der Western und von Campbell von Interesse sein wird.

Eine ähnliche Wahrscheinlichkeit, wie die in Formel (11) gelöste, ist folgende: Wie groß ist die Wahrscheinlichkeit, daß in einem bestimmten Moment mindestens a Belegungen vorliegen?

Diese Wahrscheinlichkeit ergibt sich wieder als alternative aus Formel (9)

$$W_a = w_a + w_{a+1} + \ . \ . \ . + w_n$$

$$W_a = \binom{n}{a}\left(\frac{1}{m}\right)^a\left(1-\frac{1}{m}\right)^{n-a} + \binom{n}{a+1}\left(\frac{1}{m}\right)^{a+1}\left(1-\frac{1}{m}\right)^{n-(a+1)} \ . \ . \ . + \left(\frac{1}{m}\right)^n \quad . \ . \ . \ (13)$$

Formel (13) soll wiederum zu einem Vergleich mit der Praxis benutzt werden. Es ergibt

Versuchsreihe I. $n = 42$.

a	4	5	6	7
W_a theoretisch =	0,02874	0,00596	0,00102	0,000145
W_a praktisch =	0,02556	0,00628	0,00179	0,000288

Versuchsreihe II. $n = 50$.

a	4	5	6	7
W_a theoretisch =	0,04656	0,01137	0,00230	0,00039
W_a praktisch =	0,04515	0,01265	0,00267	0,00071

Versuchsreihe III. $n = 59$.

a	4	5	6	7
W_a theoretisch =	0,07467	0,02138	0,00507	0,00103
W_a praktisch =	0,06457	0,01523	0,00301	0,00078

Versuchsreihe IV. $n = 68$.

a	4	5	6	7
W_a theoretisch =	0,09986	0,03191	0,00830	0,00188
W_a praktisch =	0,09028	0,02553	0,00568	0,00048

7. Die Begrenzung der Verbindungsmöglichkeiten auf *i* Verbindungsorgane.

Nachdem in den vorhergehenden Abschnitten die Ausnutzung der Verbindungsorgane bei einer unbegrenzten Zahl von Verbindungsmöglichkeiten besprochen worden ist, soll nunmehr zur Betrachtung der Verkehrsverhältnisse bei begrenzten Verkehrsmöglichkeiten übergegangen werden.

Es sei in Figur 4 ein Teil einer beliebigen Verkehrskurve dargestellt. Die Zeit schreitet von links nach rechts fort. Der Einfachheit halber ist die Belegungsdauer konstant angenommen, so daß also die erste Belegung bei 1 beginnt und bei 1′ beendet wird, die zweite bei 2 beginnt und bei 2′ beendet wird, usw. Während bei unbegrenzter Verkehrsmöglichkeit die Verkehrskurve der äußeren Linie folgen würde, wird sie nach Begrenzung der Verbindungsorgane auf 4 in der dargestellten Zeit auf die stark gezogene Linie zurückgeführt werden.

Dies beruht darauf, daß den Anrufen 5 und 6 keine Belegungen folgen, so daß in späteren Momenten die 4 nach der Begrenzung noch vorhandenen Verbindungsorgane schlechter ausgenutzt werden, als dies zufolge der Verkehrskurve bei unbegrenztem Verkehr zu erwarten ist. Der Erfolg ist, daß die Anrufe 7 und 8, trotzdem sie bei unbegrenztem Verkehr auf eine Gruppe von 4 resp. 5 Belegungen stoßen, dennoch erfolgreich sind.

Um daher die Wahrscheinlichkeit festzustellen, wann ein $(n+1)$ter Anruf nicht erfolgreich ist, darf man nicht allein die Wahrscheinlichkeit berechnen, wann er bei

unbeschränktem Verkehr auf eine Gruppe von i oder mehr Anrufen stoßen würde, sondern man muß vor allem auch beachten, mit welcher Wahrscheinlichkeit sich dann diese Gruppe von i oder mehr Belegungen nach Begrenzung des Verkehrs auf i Verbindungsorgane als Gruppe von i Belegungen zeigen wird; kurz gesagt, wann diese Gruppe verkehrshindernd wirkt, so daß jeder neue Anruf erfolglos bleibt. Es ist daher zunächst die Gesetzmäßigkeit zu untersuchen, mit welcher eine Gruppe nach Begrenzung des Verkehrs auf i Organe aus i Belegungen besteht, wenn sie ohne Begrenzung des Verkehrs eine Gruppe von i oder mehr Belegungen bildet.

8. Unter welchen Umständen wird bei Begrenzung des Verkehrs auf *i* Organe eine Gruppe, die bei unbegrenztem Verkehr aus *i* oder mehr gleichzeitigen Belegungen besteht, zu einer Gruppe von *i* Belegungen?

Um die Aufgabe dieses Abschnittes lösen zu können, müssen die Gruppen gleicher Belegungszahlen nach der Art ihres Entstehens und Verschwindens in 4 Klassen unterteilt werden. Wie Figur 4 zeigt, lassen sich folgende Klassen bilden:

1. Eine Gruppe von a Belegungen kann entstehen aus einer Gruppe von $(a-1)$ Belegungen und am Schluß in eine Gruppe von $(a-1)$ Belegungen verwandelt werden; diese Form soll eine „Spitze“ genannt werden (Fig. 4 I).

2. Eine Gruppe von a Belegungen kann entstehen aus einer Gruppe von $(a+1)$ Belegungen und in eine Gruppe von $(a+1)$ Belegungen verwandelt werden; dies sei „Senke“ genannt (Fig. 4 II).

3. Eine Gruppe von a Belegungen kann entstehen aus einer Gruppe von $(a + 1)$ Belegungen und in eine Gruppe von $(a + 1)$ Belegungen verwandelt werden; dies werde „steigende Stufe“ genannt (Fig. 4 III).

4. Eine Gruppe von a Belegungen kann entstehen aus einer Gruppe von $(a + 1)$ Belegungen und in eine solche von $(a - 1)$ Belegungen verwandelt werden, welche Klasse „fallende Stufe“ genannt werde (Fig. 4 IV.).

Es ist nun zu untersuchen, welchen Gesetzen die einzelnen Klassen folgen. Zu diesem Zweck sollen 6 innerhalb der mittleren Belegungszeit nacheinander eintreffende

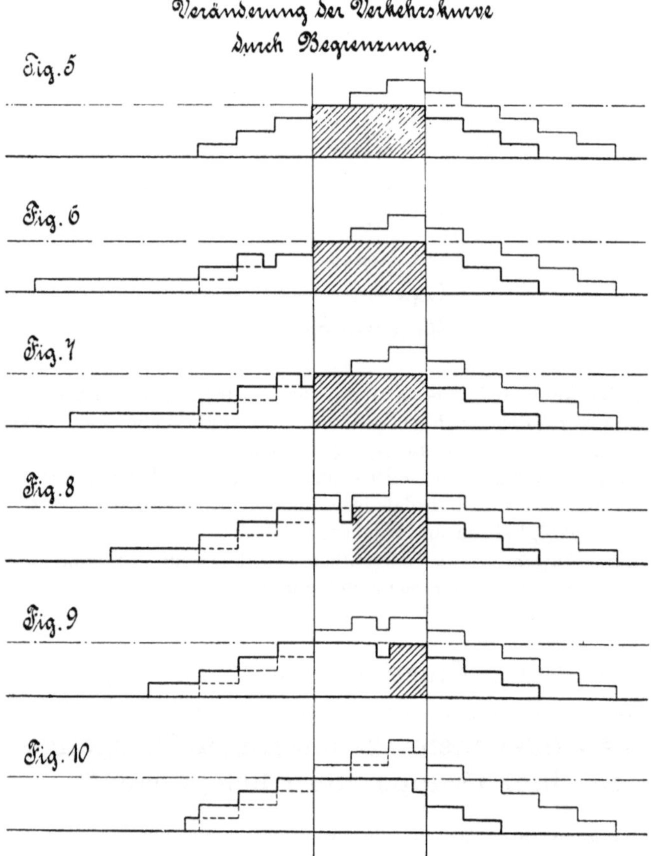

Belegungen von konstanter Belegungsdauer in ihrem Verhalten beobachtet werden, wenn zu bestimmten Zeitpunkten der Entstehungsperiode, keine, eine, zwei oder mehr Belegungen beendet werden. Als Entstehungsperiode soll hierbei die Zeit vom Eintreffen des ersten bis zum Eintreffen des sechsten Anrufes bezeichnet werden. Gleichzeitig soll angenommen werden, daß die Zeit vom Eintreffen einer der 6 Belegungen bis zum Eintreffen der nächsten konstant ist, und zwar gleich der Zeit vom Eintreffen der letzten Belegung bis zur Beendigung der ersten. Schließlich sei noch die Verkehrsmöglichkeit auf 4 Verbindungsorgane begrenzt. Um auch das Verhalten der fallenden Stufen kennen zu lernen, sollen zunächst bis zur Beendigung der letzten Belegung keine neuen Belegungen eintreffen.

Es ist zuerst der Fall zu untersuchen, daß während der Entstehungsperiode keine Belegungen beendet werden (Fig. 5)*). Wie aus der Figur ersichtlich, bleiben in diesem Fall sämtliche „steigende Stufen“ von 4 und mehr Belegungen, sowie die „Spitze“ nach Begrenzung des Verkehrs auf 4 Organe als Gruppen von 4 Belegungen bestehen,

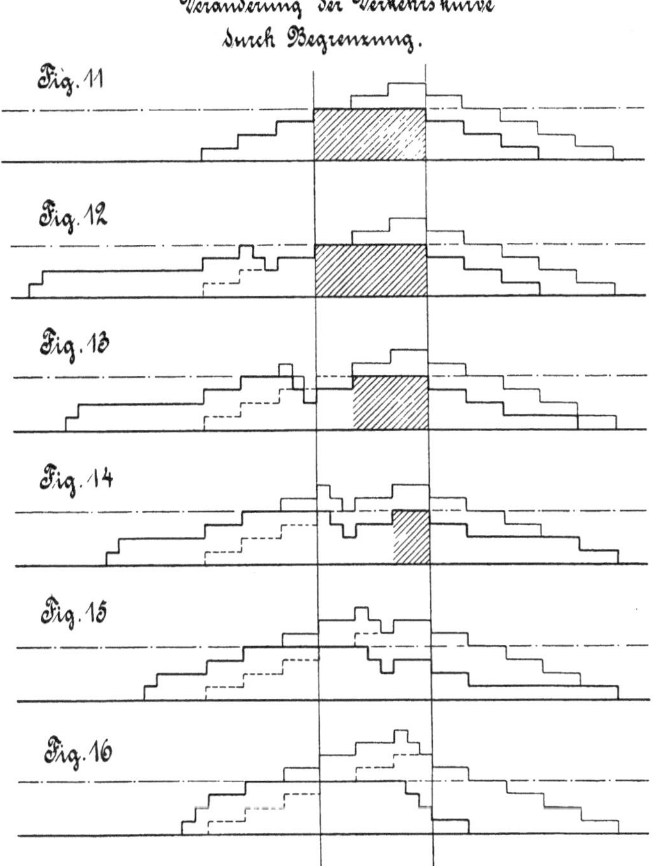

sie sind daher „verkehrshindernd“. Die „fallenden Stufen“ werden aber zu Gruppen von 3 und weniger Belegungen, sie sind also nicht verkehrshindernd.

*) (zu den Figuren 5—33) In den Figuren dieses Abschnittes, ist die Verkehrskurve nach Begrenzung des Verkehrs auf 4 Verbindungsorgane jedesmal stark gezeichnet; dagegen sind die Abweichungen bei unbegrenztem Verkehr jedesmal dünn angedeutet. Eine punktierte Linie kennzeichnet zugleich in den abweichenden Fällen den Verlauf der ursprünglichen 6 Belegungen ohne die neueingeführten Belegungen. Um die in diesem Abschnitte untersuchten Unterschiede genau kenntlich zu machen, sind die verkehrshindernden Belegungsgruppen jedesmal schraffiert worden, während die anderen weiß gelassen wurden.

Nunmehr soll in Fig. 6—9 nacheinander, zuerst während der ersten, dann während der zweiten usw., zuletzt während der letzten Entstehungsstufe eine Belegung beendet werden. Die Untersuchung soll dann darauf beschränkt werden, welchen Einfluß diese Veränderung auf die noch reinen Gruppen der 6 ursprünglichen Belegungen ausübt. Man sieht, daß auch in diesem Falle die Spitze sowie die „steigenden Stufen" verkehrshindernd wirken, während die fallenden Stufen ein oder mehrere Verbindungsorgane freigeben (Fig. 6—9).

Die dritte Untersuchungsreihe besteht darin, daß jedesmal während e i n e r Entstehungsstufe zwei Belegungen beendet werden (Fig. 12—15). Hierbei sei zunächst festgestellt, daß auch in diesem Falle die „fallenden Stufen" niemals nach der Begrenzung

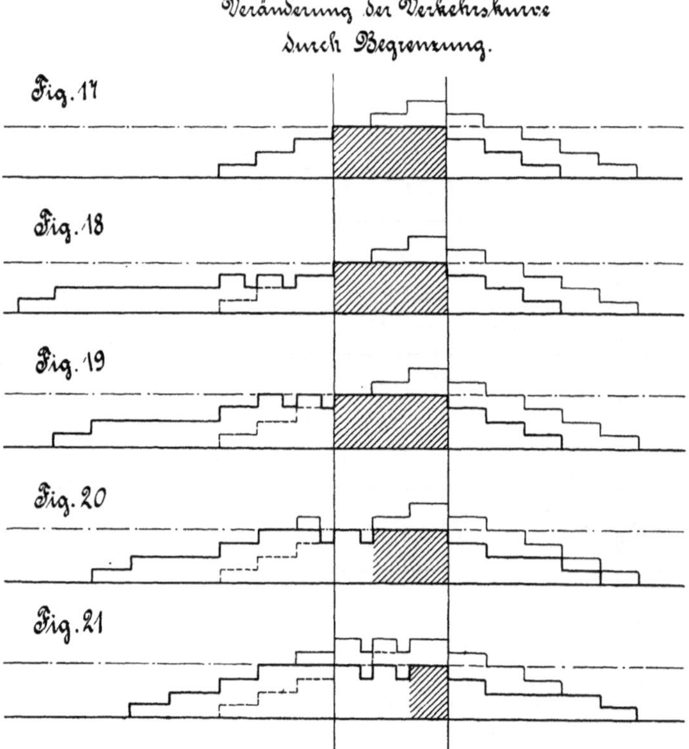

als verkehrshindernde Gruppen auftreten. Bei Beachtung der „Spitze" erkennt man aber, daß diese nur noch in Fig. 12—14 verkehrshindernd auftritt. In Figur 15 dagegen wird sie nach der Begrenzung zu einer Gruppe von 3 Belegungen. In diesem Falle waren während der letzten Entstehungsstufe von 5 Belegungen 2 Belegungen beendet worden. Ähnlich verhält es sich mit den „steigenden Stufen". Werden auf der vorhergehenden Stufe zwei Belegungen beendet, so wird die „steigende Stufe" nicht mehr zu einer verkehrshindernden Gruppe (Fig. 13 und 14). Die Figuren 18 bis 21 geben Aufschluß darüber, daß diese Veränderungen gegen die beiden ersten Untersuchungen nicht mehr eintreten, wenn die beiden neu eingeführten Belegungen nicht während einer, sondern während zweier aufeinanderfolgender Entstehungsstufen beendet werden.

Es folgt nun eine Untersuchungsreihe, bei der 3 Belegungen während zweier aufeinanderfolgender Entstehungsstufen beendet werden (Fig. 23—26). Während sich auch hierbei an den anfänglich festgelegten Erfahrungen über die „fallenden Stufen“ nichts ändert, sieht man wieder, daß die „steigenden Stufen“ und die “Spitzen“ von 4 und mehr Belegungen verkehrshindernd nur dann wirken, wenn nicht während der beiden vorhergehenden Entstehungsstufen 3 Belegungen beendet werden.

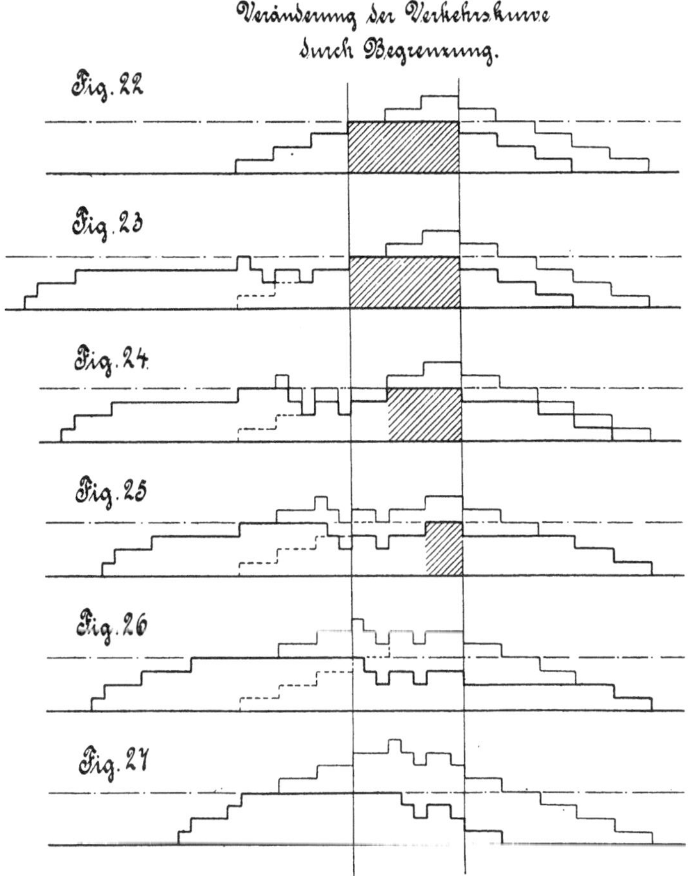

Schließlich fehlt noch eine Untersuchungsreihe für eine Beendigung von 4 Belegungen während dreier aufeinanderfolgender Entstehungsstufen (Fig. 29—31). Hierbei soll zunächst auf die „Spitze“ und die „steigenden Stufen“ eingegangen werden, und es zeigt sich wiederum, daß diese verkehrshindernd auftreten, wenn nicht während der drei letzten Entstehungsstufen 4 Belegungen beendet wurden.

Da bei einer Begrenzung auf 4 Organe nie mehr wie 4 Belegungen im Verlauf einer Belegungsdauer beendet werden können, so sind weitere Versuchsreihen nicht erforderlich. Über das Verhalten der „steigenden Stufen“ und der „Spitzen“ kann man nach dem oben Gesagten nunmehr folgende Theorie aufstellen:

Bei einer Begrenzung der Verkehrsmöglichkeiten auf i Verbindungsorgane treten

„steigende Stufen" und „Spitzen", die bei unbeschränktem Verkehr aus i oder mehr Belegungen bestehen, stets als Gruppen von i Belegungen auf, wenn nicht während

der	letzten	Entstehungsstufe	2	Belegungen
„	2	„	3	„
„	3	„	4	„
usw.				
„	(i—1)	„	i	„

beendet werden.

Veränderung der Verkehrskurve durch Begrenzung.

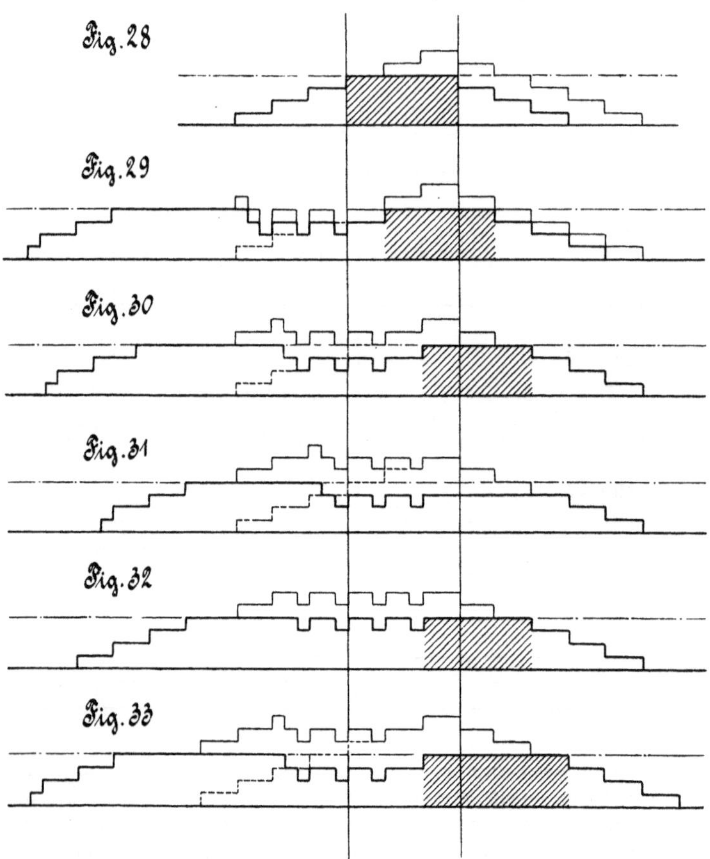

Die Begründung für ein derartiges Verhalten liegt darin, daß bei Beendigung der ersten neu eingeführten Belegung eine Gruppe von i Belegungen jedesmal besteht. Da aber die Zahl der nun folgenden Belegungen bis zu der beobachteten Stufe oder Spitze nicht der Zahl der frei werdenden Verbindungsorgane entspricht, so muß für die Zeitdauer dieser Gruppe ein oder mehrere Organe frei bleiben.

Es fehlt jetzt noch das Verhalten der fallenden Stufen und der Senken. In den drei ersten Untersuchungsreihen ist jedesmal festgestellt worden, daß die „fallenden Stufen“ nicht verkehrshindernd wirkten. Anders wird dieses Verhalten bei der vierten Untersuchungsreihe (Fig. 29—31). Hier sind jetzt in Fig. 29 und 30 „fallende Stufen“ zu beobachten, die verkehrshindernd wirken. Die Ursache wird darin gefunden, daß der Anruf, dessen Belegungsende mit dem Beginn der betreffenden „fallenden Stufe“ zusammenfällt, nicht erfolgreich gewesen ist. Fig. 31 zeigt aber, daß dies nicht die einzige Bedingung ist, vielmehr muß noch die zu der betreffenden „fallenden Stufe“ gehörige „Spitze“ durch die Begrenzung sich in eine verkehrshindernde Gruppe verwandelt haben. Hierüber geben auch die Figuren 32 und 33 Aufschluß. Fig. 32 zeigt eine Gruppe von 6 Belegungen, wobei während jeder der 4 letzten Entstehungsstufen je eine der 4 eingeschobenen Belegungen beendet wird; während in Fig. 33 die Gruppe von 6 Belegungen in eine solche von 7 Belegungen verwandelt wird; dabei sind im übrigen gleiche Verhältnisse, wie in Fig. 33 angenommen. Man sieht, daß hier die Spitze und darum auch die darauf folgenden „fallenden Stufen“ sich durch die Begrenzung in verkehrshindernde Gruppen verwandeln.

In dem ganzen vorhergehenden Teil ist noch nicht von Senken die Rede gewesen; jedoch läßt sich aus dem verwandten Verhalten von „Spitzen“ und „steigenden Stufen“ darauf schließen, daß eine gleiche Beziehung zwischen „fallenden Stufen“ und „Senken“ besteht. Daß dies tatsächlich der Fall ist, läßt sich durch eine kleine Umänderung der untersuchten Zeitkurven nachweisen. Man führe nämlich nur während einer beliebigen fallenden Stufe der ursprünglich 6 Belegungen eine neue Belegung ein, so wird aus dieser „fallenden Stufe“ eine „Senke“. Führt man diese Umänderung während der sämtlichen Untersuchungsreihen durch, so erkennt man sofort, daß diese „Senken“ sich ebenso verhalten wie die „fallenden Stufen“, an deren Stelle sie getreten sind.

Zum Schluß sei noch einmal zusammengefaßt, was in diesem Abschnitt erledigt wurde. Die Frage lautete:

Unter welchen Umständen wird durch Begrenzung des Verkehrs auf i Verbindungsorgane eine Gruppe, die bei unbegrenztem Verkehr aus i oder mehr gleichzeitigen Belegungen besteht, zu einer Gruppe von i Belegungen?

Die Antwort hierauf ist:

„Steigende Stufen“ und „Spitzen“ werden durch die Begrenzung in Gruppen von i Belegungen verwandelt, wenn nicht

	während	der		letzten	Entstehungsstufe	2	Belegungen
	„	„	2	„	„	3	„
u. s. f. bis	„	„	(i—1)	„	„	i	„

beendet werden.

„Fallende Stufen“ und „Senken“ werden durch die Begrenzung in Gruppen von i Belegungen verwandelt, wenn:

1. die zugehörige Spitze durch die Begrenzung in eine Gruppe von i Belegungen verwandelt wurde;
2. der Anruf derjenigen Belegung, deren Abschluß den Beginn der „fallenden Stufe“ bildet, erfolglos war.

Es ist jetzt die Aufgabe der folgenden Abschnitte, die Wahrscheinlichkeit für diese Bedingungen festzustellen. Um diese Frage lösen zu können, ist aber zunächst die mittlere Dauer einer Gruppe von a Belegungen bei unbegrenztem Verkehr zu bestimmen; dann ist festzustellen, wie groß bei b und mehr gleichzeitigen Belegungen die Dauer vom Eintreffen der b ten bis zum Schluß der ersten Belegungen ist. Nunmehr ist man in der Lage, die Wahrscheinlichkeit einer „Spitze“ und „steigenden Stufe“, oder einer „Senke“ und „fallenden Stufe“ von a Belegungen zu bestimmen und hieran anschließend die Wahrscheinlichkeit, auf eine verkehrshindernde Gruppe von a Belegungen zu stoßen oder nicht.

9. Wie groß ist bei unbegrenztem Verkehr die mittlere Dauer einer Gruppe von a Belegungen?

Vorausgesetzt ist, daß auf einen bestimmten Anruf A, desen Belegung im Punkte A' beendet ist, noch $a-1$ weitere Belegungen im Verlaufe der Zeit $A-A'$ folgen, so daß im Punkte A' a Belegungen insgesamt vorliegen. Da der Punkt A' zugleich den Schluß der ersten Belegung bedeutet, so ist zu berechnen, wie groß die durchschnittliche Zeitdauer vom Eintreffen der letzten Belegung bis zur Beendigung der

ersten Belegung ist. Man teile wiederum, wie schon im Abschnitt 4, die Zeit AA' in äußerst kleine Zeitteilchen mit der Bedeutung, daß zwei aufeinander folgende Anrufe immer mindestens um ein solches Zeitteilchen voneinander getrennt sein müssen. Ist dann R die Gesamtzahl der Zeitteilchen, die den Zeitraum AA' ausmachen, so ist die größtmögliche Zeitdauer vom Eintreffen der letzten Belegung bis zum Schluß der ersten

$$T_{\text{max.}} = R-(a-1),$$

denn es müssen erst alle anderen Belegungen eingetroffen sein, die jedesmal mindestens ein Zeitteilchen voneinander getrennt sein müssen. Die kürzeste Zeitdauer ist aber

$$T_{\text{min.}} = 0,$$

da in diesem Falle der Schluß der ersten Belegung mit dem Beginn der a ten zusammenfällt. Es ist also

$$T_{\text{max.}} \gtreqless T \geqq T_{\text{min.}}$$

Es soll zunächst festgelegt werden, in wieviel Fällen der a te Anruf mit dem Punkt C zusammenfallen kann, wenn

$$R-(a-1) \gtreqless CA' \geqq 0.$$

Durch den Anruf C ist nun ein Zeitteilchen festgelegt, es bleiben also noch $R-1$ Zeitteilchen übrig. Von diesen fallen R_1 auf die Zeit AC und R_2 auf die Zeit CA', so daß $R_1+R_2=R-1$ ist. Da nun C der letzte der a Anrufe ist, so sind die sämtlichen Zeitteilchen R_2 anruffrei, dagegen sind von den R_1 Zeitteilchen $a-2$ anrufbehaftet und $[R_1-(a-2)]$ Zeitteilchen anruffrei.

Die variablen Zeitteilchen des Zeitraumes AC können daher $\binom{R_1}{a-2}$ Lagen zu einander einnehmen, während die Zeitteilchen des Abschnittes CA' nur $\binom{R_2}{o}=1$ Lagen einnehmen können.

Die Anzahl der Kombinationen, bei denen der $a$te Anruf mit dem Punkte C zusammenfällt, ist daher:

$$F_c = \binom{R_1}{a-2} \quad \ldots \ldots \ldots \ldots \ldots \quad (14$$

Ist nun die Belegungsdauer eines Anrufes t, so ist in allen diesen F_c Fällen

$$CA' = \frac{R_2}{R} \cdot t,$$

$$= \frac{R-1-R_1}{R}\, t.$$

Würde man daher jeden dieser F_c Fälle künstlich darstellen, so würde die Gesamtsumme der Zeiten CA'

$$T_c = \binom{R_1}{a-2} \frac{R-1-R_1}{R} t \quad \ldots \ldots \ldots \ldots \quad (15$$

sein.

Nun kann aber der Punkt C sämtliche Lagen einnehmen, in denen

$$R-(a-1) \gtreqqless CA' \geqq 0$$

ist, oder da $CA' = (R-1) - R_1$

$$(R-1) - [R-(a-1)] \lesseqqgtr (R-1) - [(R-1) - R_1] \leqq R-1-0,$$

$$(a-2) \gtreqqless R_1 \geqq (R-1) \quad \ldots \ldots \ldots \ldots \quad (16$$

Die Anzahl aller Kombinationen, in denen der $a$te Anruf eine ihm mögliche Lage einnimmt, ist daher

$$F = \sum F_c = \sum_{a-2}^{R-1} \binom{R_1}{a-2} \quad \ldots \ldots \ldots \ldots \ldots \quad (17$$

Es ist nun (Netto Combinatorik S. 15 [10])

$$\sum_{R_1 = a-2}^{R_1 = R-1} \binom{R_1}{a-2} = \binom{R}{a-1}.$$

Die Summe aller diesen Kombinationen entsprechenden Zeitabschnitte CA' ist dann:

$$T = \sum T_c = \sum_{a-2}^{R-1} \binom{R_1}{a-2} \frac{R-1-R_1}{R} \cdot t = \frac{t}{R} \cdot \sum_{a-2.}^{R-1} \binom{R_1}{a-2} (R-1-R_1).$$

Hierin ist

$$R-1-R_1 = \binom{R-1-R_1}{1}.$$

Somit ist

$$T = \frac{t}{R} \sum_{a-2}^{R-1} \binom{R_1}{a-2} \binom{R-1-R_1}{1}.$$

Setzt man

$$R - 1 - R_1 = r, \text{ so ist}$$

$$T = \frac{t}{R} \sum_{r=0}^{r=R+1-a} \binom{[R-1]-r}{a-2} \binom{r}{1},$$

da aber

$$\binom{[R-1]-r}{a-2} = 0 \text{ für } (r = R+2-a,\ R+3-a, \ldots)$$

$$T = \frac{t}{R} \sum_{r=0,1\ldots}^{r=\infty} \binom{[R-1]-r}{a-2} \binom{r}{1} = \frac{t}{r} \cdot \binom{R}{a} \quad \ldots\ldots\ldots (18$$

(siehe Netto, Combinatorik S. 15 [11]).

Ist F die Anzahl der möglichen Kombinationen und T die Summe der Zeiten CA' aller dieser Kombinationen, so ist das arithmetische Mittel aus allen Zeiten CA'

$$t_s = \frac{T}{F} \quad \ldots\ldots\ldots\ldots\ldots\ldots (19$$

$$t_s = \frac{\frac{t}{R}\binom{R}{a}}{\binom{R}{a-1}}.$$

$$t_s = \frac{R!\,[R-(a-1)]!\,(a-1)!}{a!\,(R-a)!\,R!} \cdot \frac{1}{R} \cdot t = \frac{R-(a-1)}{R} \cdot \frac{1}{a} t$$

$$\lim_{R=\infty} \left[t_s = \frac{R-(a-1)}{R} \cdot \frac{1}{a} \cdot t \right] = \frac{1}{a} t$$

$$t_s = \frac{1}{a} t \quad \ldots\ldots\ldots\ldots\ldots\ldots\ldots\ldots\ldots (20$$

Die mittlere Zeit vom Eintreffen des letzten von a Anrufen bis zur Beendigung des ersten ist gleich dem a ten Teil der mittleren Belegungsdauer.

Weiter ist es wichtig zu erfahren, wie groß der mittlere Zeitraum vom Eintreffen eines beliebigen der a Anrufe bis zum Schluß der ersten Belegung ist. Angenommen, es handele sich um den b ten Anruf, dann müssen auf ihn noch $a - b$ weitere Anrufe folgen.

Trifft nun dieser Anruf im Moment B ein, so teilt er wiederum die noch nicht festliegenden $R - 1$ Zeitteilchen in R_1 Teilchen des Zeitabchnittes AB und R_2 Teilchen des Zeitabschnittes BA'. Von den R_1 Teilchen des Zeitabschnittes AB sind nun $b - 2$ anrufbehaftet, von denen des Abschnittes BA' sind es $a - b$. Die Anzahl der Kombinationen, in denen der b te Abruf im Moment B eintreffen kann, sind daher

$$F_B = \binom{R_1}{b-2} \binom{R_2}{a-b} = \binom{R_1}{b-2} \cdot \binom{(R-1)-R_1}{a-b} \quad \ldots\ldots (21$$

Die Größe des Zeitabschnittes BA' wird wiederum bestimmt zu

$$BA' = \frac{R_2}{R} t = \frac{(R-1)-R_1}{R} t.$$

Die Summe aller Zeitabschnitte BA', die sich aus der Anzahl der Kombinationen F_B ergibt, ist

$$T_B = \binom{R^1}{b-2} \cdot \binom{(R-1)-R_1}{a-b} \frac{(R-1)-R_1}{R}, \quad \ldots \ldots \ldots (22$$

Um die Gesamtzahl der möglichen Kombinationen zu bestimmen, sind zunächst die Grenzen festzulegen, zwischen denen B liegen darf. Da außer dem ersten Anruf noch weitere $b-2$ dem Anruf in B vorangehen müssen, darf BA' im größten Falle sein

$$T_{max} = R - [b-1].$$

Da noch $a-b$ Anrufe folgen müssen, wird

$$T_{min} = a - b.$$

Man erhält somit

$$R - [b-1] \mathrel{\overline{\overline{>}}} BA' \geq a - b \quad \ldots \ldots \ldots \ldots \ldots (23$$

$$b - 2 \mathrel{\overline{\overline{<}}} R_1 < [R-1] - [a-b].$$

Die Gesamtzahl der möglichen Kombinationen ist somit

$$F = \sum F_B = \sum_{R_1 = b-2}^{R_1 = [R-1]-[a-b]} \binom{R_1}{b-2} \binom{[R-1]-R_1}{a-b}$$

$$= \sum_{R_1 = b-2}^{R_1 = [R-1]-[a-b]} \binom{R_1}{b-2} \binom{([R-1]-R_1)}{[a-b]}$$

Setzt man nun

$$r = (R-1) - R_1 - (a-b),$$

so ist

$$\sum F_B = \sum_{r=0,1,\ldots}^{r=R+1-a} \binom{[R-1]-[a-b]-r}{(b-2)} \binom{[a-b]+r}{a-b}$$

da aber

$$\binom{[R-1]-[a-b]-r}{b-2} = 0,$$

$$\text{für } [r = R+2-a,\; R+3-a], \;\ldots$$

so ist

$$F = \sum F_B = \sum_{r=0,1,\ldots}^{r=\infty} \binom{[R-1]-[a-b]-r}{(b-2)} \binom{[a-b]-r}{[a-2]-[b-2]}$$

$$= \binom{R}{a-1} \text{ Netto S. 15. (11)} \quad \ldots \ldots \ldots \ldots \ldots (24$$

Auf gleiche Weise läßt sich die Gesamtsumme der Zeitabschnitte BA' bestimmen, die zu den F Kombinationen gehören. Es ist

$$T = \sum T_B = \sum_{R_1 = b-2}^{R_1 = [R-1]-[a-b]} \binom{R_1}{b-2} \binom{R-1-R_1}{a-b} \frac{(R-1)-R_1}{R} \cdot t,$$

$$= \frac{t}{R} \sum_{R_1 = b-2}^{R_1 = [R-1]-[a-b]} \binom{R_1}{b-2} \binom{R-1-R_1}{a-b} (R-1)-R_1).$$

$$T = \frac{t}{R} \left\{ (a-b) \sum_{b-2}^{[R-1]-[a-b]} \binom{R_1}{b-2} \binom{R-1-R_1}{a-b} + \sum_{b-2}^{[R-1]-[a-b]} \binom{R_1}{b-2} \binom{R-1-R_1}{a-b} (R-1-R_1-[a-b]) \right\}.$$

Hierin ist nach Formel (24)

$$\sum_{b-2}^{[R-1]-[a-b]} \binom{R_1}{b-2} \binom{R-1-R_1}{a-b} = \binom{R}{a-1}$$

Ferner ist

$$\sum_{b-2}^{[R-1]-[a-b]} \binom{R_1}{b-2} \binom{R-1-R_1}{a-b} (R-1-R_1-[a-b])$$

$$= a-b+1 \sum_{2-b}^{[R-1]-[a-b]} \binom{R_1}{b-2} \binom{R-1-R_1}{a-b} \frac{(R-1-R_1-[a-b])}{a-b+1}$$

$$= (a-b+1) \sum_{b-2}^{[R-1]-[a-b]} \binom{R_1}{b-2} \binom{R-1-R_1}{a-b+1}.$$

Dies ergibt analog der Formel (24)

$$\sum_{b-2}^{[R-1]-[a-b]} \binom{R_1}{b-2} \binom{R-1-R_1}{a-b} \cdot (R-1-R-[a-b]) = (a-b+1) \binom{R}{a}.$$

Somit erhalten wir

$$T = \frac{t}{R} \sum_{R^1 = b-2}^{R^1 = [R-1]-[a-b]} \binom{R_1}{b-2} \binom{R-1-R_1}{a-b} (R-1-R_1) \quad \ldots\ldots\ldots \quad (25$$

$$= \frac{t}{R} \left\{ (a-b) \binom{R}{a-1} + (a+1-b) \binom{R}{a} \right\}.$$

Das arithmetische Mittel aus allen Zeiten BA' ist somit

$$t_{s,b} = \frac{T}{F} \quad \ldots\ldots\ldots\ldots \quad (26$$

$$t_{s,b} = \frac{t}{R} \cdot \frac{\left\{ (a-b) \binom{R}{a-1} + (a+1-b) \binom{R}{a} \right\}}{\binom{R}{a-1}}$$

$$= \frac{t}{R} \left\{ (a-b) + \frac{R!\,(a-1)!\,(R-(a-1))!\,(a+1-b)}{a!\,(R-a)!\,R!} \right\}$$

$$= \frac{t}{R} \left\{ (a-b) + \frac{R-(a-1)}{a} (a+1-b) \right\}$$

$$= \frac{t}{R} \cdot \left\{ \frac{a(a-b) + (R+1)(a+1-b) - a(a+1-b)}{a} \right\}$$

$$= \frac{t}{R} \cdot \frac{(R+1)([a+1]-b) - a}{a}$$

$$\lim_{R=\infty} \left[t_{s,b} = t \left(\frac{R+1}{R} \cdot \frac{[a+1]-b}{a} - \frac{1}{R} \right) \right] = t\, \frac{(a+1)-b}{a}$$

$$t_{s,b} = \frac{[a+1]-b}{a}\, t \quad \ldots\ldots\ldots\ldots \quad (27$$

Für die augenblicklich vorliegende Betrachtung sind in der Formel

$$t_{s,b} = \frac{a-b+1}{a}\, t$$

a und t konstante Werte.

Dagegen nimmt b sämtliche ganzzahligen Werte von 1 bis a ein; je nachdem nämlich im Punkte B der erste, zweite usw. bis a te Ruf angenommen wird.

Beobachtet man den ersten Ruf, so ist

$$b = 1$$

und daher

$$t_{s,b} = \frac{a-1+1}{a}\, t = t\,,$$

d. h. bis zum Schluß dieser Belegung — denn es ist ja die erste — vergehen t min, d. i. die Belegungsdauer.

Ist weiter

$$b = a,$$

dann ist

$$t_b = \frac{1}{a}\, t$$

was schon im ersten Teil dieses Abschnittes bewiesen ist.

Da a, b und 1 ganzzahlige Werte sind, so ergibt sich folgender Satz:

Treffen innerhalb einer mittleren Belegungsdauer noch $(a-1)$ weitere Belegungen ein, so teilen die Treffpunkte dieser $(a-1)$ Belegungen, welche dem mittleren Abstand dieses Anrufes vom Schluß der ersten Belegung entsprechen, die mittlere Belegungsdauer in a gleiche Zeitabschnitte.

Schon im ersten Teil dieses Abschnittes ist folgender Satz bewiesen worden, der nunmehr im zweiten Teil seine Bestätigung findet:

Fallen in den Zeitabschnitt einer mittleren Belegungsdauer a Anrufe derart, daß der erste Anruf mit dem Beginn des Zeitabschnittes zusammenfällt, so ist der mittlere Zeitabstand vom Eintreffen des letzten bis zum Schluß der ersten Belegung gleich dem a ten Teil der mittleren Belegungsdauer.

Nunmehr läßt sich auch über den Zeitabstand eines beliebigen Anrufes bis zum nächsten Anruf folgendes sagen:

Fallen in den Zeitabschnitt einer mittleren Belegungsdauer a Anrufe derart, daß der erste Anruf mit dem Beginn des Zeitabschnittes zusammenfällt, so ist die Zeitdauer vom Eintreffen des b ten Anrufes ($a > b > 1$) bis zum Eintreffen des $(b+1)$ ten Anrufes gleich dem a ten Teil der mittleren Belegungsdauer.

Formel (20) bietet Gelegenheit zu einem erneuten Vergleich der rechnerischen Ermittelungen mit den Versuchen in der A. E. G.-Zentrale.

Wie Fig. 3 zeigt, läßt sich die Zahl und Dauer der Spitzen von 4, 5, 6 oder 7 Belegungen einer jeden Versuchsreihe leicht aus den Verkehrskurven ermitteln. Der Quotient aus beiden ergibt dann die mittlere Dauer einer Spitze von 4, 5, 6 oder 7 Belegungen einer jeden dieser Versuchsreihen. Da t bekannt ist, läßt sich der theoretische Wert durch eine einfache Rechenoperation ermitteln. Es ergibt:

Versuchsreihe I. $n = 42$. $t = 49{,}95$ sek.

a	4	5	6	7
Gesamtdauer sek.	561	120	24	14
Zahl der Spitzen	61	16	5	3
Mittl. Dauer sek.	9,2	8	4,8	4,7
theor. Dauer sek.	12,99	9,55	8,3	7,1

Versuchsreihe II. $n = 50$. $t = 49{,}06$ sek.

a	4	5	6	7
Gesamtdauer sek.	1566	477	98	24
Zahl der Spitzen	146	45	13	4
Mittl. Dauer sek.	10,6	10,6	7,5	6
theor. Dauer sek.	12,3	9,8	8,2	7,0

Versuchsreihe III. $n = 59$. $t = 48{,}48$ sek.

a	4	5	6	7
Gesamtdauer sek.	1833	539	91	14
Zahl der Spitzen	176	60	15	2
Mittl. Dauer sek.	10,4	9,0	6,0	7
theor. Dauer sek.	12,12	9,7	8,1	6,9

Versuchsreihe IV. $n = 68$. $t = 46{,}50$ sek.

a	4	5	6	7
Gesamtdauer sek.	2196	908	270	28
Zahl der Spitzen	227	112	38	6
Mittl. Dauer sek.	9,7	8,1	7,1	4,7
theor. Dauer sek.	11,8	9,3	7,7	6,6

10. Wie groß ist bei b und mehr gleichzeitigen Belegungen die mittlere Dauer vom Beginn der b ten Belegung bis zum Schluß der ersten?

Es ist in Abschnitt 9 nachgewiesen worden, daß die mittlere Dauer vom Beginn der b ten Belegung bis zum Schluß der ersten

$$t_{s,b} = \frac{a - b + 1}{a} t \quad \text{. . . . . (27}$$

ist, wobei

$$a > b$$

die Anzahl der Belegungen dieses Zeitabschnittes angibt.

Wählt man nun von den n Belegungen der Beobachtungszeit eine bestimmte Belegung aus, so ist die Wahrscheinlichkeit, daß in diese Belegungszeit noch $(b-1)$ weitere Belegungen der verfügbaren $(n-1)$ fallen,

$$w_{b-1,\,n-1} = \binom{n-1}{b-1}\left(1 - \frac{1}{m}\right)^{n-b}\left(\frac{1}{m}\right)^{b-1} \quad \text{. . . . . (9)}$$

In diesem Falle beträgt die Zeitdauer vom Beginn der b ten bis zum Schluß der ersten Belegung

$$_{s,\,(b-1)} = \frac{1}{b} t.$$

Da nun die Zahl der Fälle, in denen genau $(b-1)$ Belegungen in die Belegungszeit der ausgewählten Belegung fallen, proportional ist dem Ausdruck $w_{b-1,\,n-1}$, so ist die Gesamtsumme der Zeitabschnitte vom Beginn der b ten Belegung bis zum Schluß der ersten proportional dem Wert

$$T_b = w_{(b-1,\,n-1)} \cdot t_{s,\,b-1}$$

$$T_b = \binom{n-1}{b-1}\left(1 - \frac{1}{m}\right)^{n-b}\left(\frac{1}{m}\right)^{b-1} \cdot \left(\frac{1}{b}\right) \cdot t \quad \text{. . . . . (28}$$

Fallen in die Belegungszeit der ausgewählten Belegung weitere b Belegungen, so ist

$$w_{b,n-1} = \binom{n-1}{b}\left(1 - \frac{1}{m}\right)^{n-1-b}\left(\frac{1}{m}\right)^{b}$$

und

$$t_{s,b} = \frac{2}{b+1} t.$$

Hieraus ergibt sich

$$T_{b+1} = w_{b,n-1} \cdot t_{s,b}$$

$$= \binom{n-1}{b}\left(1 - \frac{1}{m}\right)^{n-1-b}\left(\frac{1}{m}\right)^{b} \cdot \frac{2}{b+1} t.$$

In gleicher Weise ergibt sich

$$T_{b+2} = \binom{n-1}{b+1}\left(1 - \frac{1}{m}\right)^{n-2-b}\left(\frac{1}{m}\right)^{b+1} \cdot \frac{3}{b+2} t$$

usf. bis

$$T_n = \binom{n-1}{n-1} \cdot \left(1 - \frac{1}{m}\right)^{0}\left(\frac{1}{m}\right)^{n-1} \frac{n-b}{n-1} t.$$

Die Gesamtzahl der Fälle, in denen b, $b+1$, usf. bis n Belegungen vorliegen, ist proportional dem Wert

$$W_{n-1,b-1} = \binom{n-1}{b-1}\left(1-\frac{1}{m}\right)^{n-b}\left(\frac{1}{m}\right)^{b-1} + \binom{n-1}{b}\cdot\left(1-\frac{1}{m}\right)^{n-1-b}\left(\frac{1}{m}\right)^{b} + \dots$$

$$+ \binom{n-1}{n-1}\left(1-\frac{1}{m}\right)^{0}\left(\frac{1}{m}\right)^{n-1} \quad \dots\dots\dots\dots \quad (13$$

Die Summe der Zeitabschnitte vom Beginn der b ten Belegung bis zum Schluß der ersten in allen diesen Fällen ist dann

$$T = T_b + T_{b+1} + \dots + T_n$$

$$T = \frac{1}{b}\binom{n-1}{b-1}\left(1-\frac{1}{m}\right)^{n-b}\left(\frac{1}{m}\right)^{b-1} t + \frac{2}{b+1}\binom{n-1}{b}\left(1-\frac{1}{m}\right)^{n-1-b}\left(\frac{1}{m}\right)^{b}\cdot t$$

$$+ \dots + \frac{n-b}{n-1}\left(\frac{1}{m}\right)^{n-1} t \quad \dots\dots\dots\dots \quad (29$$

Somit ergibt sich das arithmetische Mittel aus der Summe aller dieser Zeitabschnitte

$$t_b = \frac{T}{W_{n-1,b-1}}$$

$$t_b = t\,\frac{\frac{1}{b}\binom{n-1}{b-1}\left(1-\frac{1}{m}\right)^{n-b}\left(\frac{1}{m}\right)^{b-1} + \frac{2}{b+1}\binom{n-1}{b}\left(1-\frac{1}{m}\right)^{n-1-b}\left(\frac{1}{m}\right)^{b} + \dots + \frac{n-b}{n-1}\left(\frac{1}{m}\right)^{n-1}}{\binom{n-1}{b-1}\left(1-\frac{1}{m}\right)^{n-b}\left(\frac{1}{m}\right)^{b-1} + \binom{n-1}{b}\left(1-\frac{1}{m}\right)^{n-1-b}\left(\frac{1}{m}\right)^{b} + \dots + \left(\frac{1}{m}\right)^{n-1}}$$

$$t_b = \frac{\frac{1}{b}\binom{n-1}{b-1}(m-1)^{n-b} + \frac{2}{b+1}\binom{n-1}{b}(m-1)^{n-1-b} + \dots + \frac{n-b}{n-1}}{\binom{n-1}{b-1}(m-1)^{n-b} + \binom{n-1}{b}(m-1)^{n-1-b} + \dots + 1}\, t \quad \dots\dots \quad (30$$

Außer der Dauer vom Eintreffen der b ten Belegung bis zum Schluß der ersten ist noch die Dauer der Entstehungsstufen, die zu der b ten Belegung führen, von Interesse, mit anderen Worten:

Wie groß ist unter der Voraussetzung, daß in die Belegungsdauer b oder mehr Belegungen fallen, die durchschnittliche Dauer einer der Entstehungsstufen, die zu den b ten Belegungen führt?

Es ist im vorigen Abschnitte schon nachgewiesen worden, daß die Dauer der einzelnen Entstehungsstufen gleich groß ist und zwar, wenn b Belegungen vorliegen, war

$$t_s = \frac{1}{b}\,t \quad \dots\dots\dots\dots \quad (20$$

bei $(b-1)$ Belegungen

$$t_s = \frac{1}{b+1}\,t,$$

bei $(b-2)$ Belegungen

$$t_s = \frac{1}{b+2}\,t$$

usf.

Eine ähnliche Entwicklung, wie die weiter oben in diesem Abschnitte angeführte, führt dann zu der Formel für die durchschnittliche Dauer einer Entstehungsstufe, die zu b mindestens b Belegungen führt:

$$t_B = \frac{\frac{1}{b}\binom{n-1}{b-1}(m-1)^{n-b} + \frac{1}{b+1}\binom{n-1}{b}(m-1)^{n-1-b} + \ldots + \frac{1}{n-1}\cdot 1}{\binom{n-1}{b-1}\cdot(m-1)^{n-b} + \binom{n-1}{b}(m-1)^{n-1-b} + \ldots + 1}\, t \quad \ldots\ldots (31$$

11. Wie groß ist die Wahrscheinlichkeit, auf eine „Spitze", eine „Senke", eine „steigende" oder eine „fallende Stufe" von *a* Belegungen zu treffen?

Voraussetzung dieser Frage ist, daß man auf eine Gruppe von a Belegungen stößt. Dann ist es aber sicher, daß man auf einen dieser vier Fälle trifft. Es sollen daher die charakteristischen Merkmale dieser vier Fälle erörtert werden.

Man trifft auf eine „Spitze von a Belegungen, wenn

1. in der Zeit vom Beginn der $a$ten Belegung bis zum Moment des Versuches keine der $n - a$ übrigen Belegungen beendet wird;
2. in der Zeit vom Moment des Versuches bis zum Schluß der ersten der a Belegungen keine weitere der übrigen $n - a$ Belegungen beginnt.

Man trifft auf eine „Senke" von a Belegungen, wenn

1. in der Zeit vom Beginn der $a$ten Belegung bis zum Moment des Versuches mindestens eine der $(n - a)$ übrigen Belegungen beendet wird;
2. in der Zeit vom Moment des Versuches bis zum Schluß der ersten Belegungen mindestens eine der übrigen $(n - a)$ Belegungen beginnt.

Man trifft auf eine „steigende Stufe" von a Belegungen, wenn

1. in der Zeit vom Beginn der $a$ten Belegung bis zum Moment des Versuches keine der übrigen $(n - a)$ Belegungen beendet wird;
2. in der Zeit vom Moment des Versuches bis zum Schluß der ersten Belegung mindestens eine der übrigen $(n - a)$ Belegungen beginnt.

Man trifft auf eine „fallende Stufe" von a Belegungen, wenn

1. in der Zeit vom Beginn der $a$ten Belegung bis zum Moment des Versuches mindestens eine Belegung beendet wird,
2. in der Zeit vom Moment des Versuches bis zum Schluß der ersten Belegung keine der übrigen $(n - a)$ Belegungen beginnt.

Es ist nun zunächst die Größe der Zeit vom Moment des Versuches einerseits und dem Beginn der $a$ten Belegung oder dem Schluß der ersten andererseits festzulegen.

Die Wahrscheinlichkeit, auf einen bestimmten Moment der Zeit vom Beginn der $a$ten bis zum Schluß der ersten Belegung zu stoßen, ist für jeden beliebigen Moment gleich groß. Die mittlere Zeit vom Beginn der $a$ten Belegung bis zum Moment des Versuches ist daher gleich der Summe aller Zeiten, die sich für jeden einzelnen Moment ergibt, dividiert durch die Gesamtzahl der Momente.

Liegt der Moment des Versuches mit dem Beginn der $a$ten Belegung zusammen, so ist die Zeit vom Beginn der $a$ten Belegung bis zum Moment des Versuches

$$t_{r_{\min}} = 0.$$

Fällt der Moment mit dem Schluß der ersten Belegung zusammen, so ist

$$t_{r_{\max}} = t_a .$$

Liegt der Moment aber in der Mitte zwischen dem Beginn der a ten und dem Schluß der ersten Belegung, so ist

$$t_r = \frac{t_a}{2} .$$

Die Gleichung

$$t_r = f(t_a)$$

ist die Gleichung einer geraden Linie, das Mittel aller t_r ist daher

$$t_r = \frac{t_a}{2} .$$

Auf gleiche Weise findet man, daß die durchschnittliche Zeit vom Moment des Versuches bis zum Schluß der a ten Belegung ist:

$$t_r' = \frac{t_a}{2} \quad \text{. . . . . (32}$$

Man setze nun in bekannter Weise

$$t_r = t_r' = \frac{1}{m_r} = \frac{1}{2\, m_a} .$$

Dann ist nach bekannter Formel die Wahrscheinlichkeit, daß in der Zeit t_r keine Belegung beginnt, oder daß keine Belegung beendt wird,

$$p_a = \binom{n-a}{0} \cdot \left(\frac{m_r - 1}{m_r}\right)^{n-a}$$

$$p_a = \left(\frac{m_r - 1}{m_r}\right)^{n-a} \quad \text{. . . . . (33}$$

Die Wahrscheinlichkeit aber, daß mindestens eine Belegung in der Zeit t_a entweder beginnt oder beendet wird, ist

$$p_a' = 1 - \left(\frac{m_r - 1}{m_r}\right)^{n-a} \quad \text{. . . . . (34}$$

Die Wahrscheinlichkeit, auf eine „Spitze" von a Belegungen zu treffen, ergibt sich, da weder vor dem Moment des Versuches noch nach demselben eine neue Belegung beendet resp. begonnen werden darf, als zusammengesetzte Wahrscheinlichkeit:

$$P_{a,\,sp} = p_a\, p_a = \left(\frac{m_r - 1}{m_r}\right)^{2(n-a)} \quad \text{. . . . . (35}$$

Andererseits ergibt sich die Wahrscheinlichkeit, auf eine „Senke" zu treffen, ebenfalls als zusammengesetzte Wahrscheinlichkeit

$$P_{a,\,sk} = p_a'\, p_a' = \left[1 - \left(\frac{m_r - 1}{m_r}\right)^{n-a}\right]^2 \quad \text{. . . . . (36}$$

Die Wahrscheinlichkeit, auf eine „steigende Stufe“ zu treffen

$$P_{a,st} = p_a \cdot p_a' = \left(\frac{m_r - 1}{m_r}\right)^{n-a}\left[1 - \left(\frac{m_r - 1}{m_r}\right)^{n-a}\right] \quad \ldots\ldots \quad (37$$

Die Wahrscheinlichkeit auf eine „fallende Stufe“ zu treffen

$$P_{a,fl} = p_a' \cdot p_a = \left[1 - \left(\frac{m_r - 1}{m_r}\right)^{n-a}\right]\left(\frac{m_r - 1}{m_r}\right)^{n-a} \quad \ldots\ldots \quad (38$$

Wie nun schon zu Anfang dieses Abschnittes gesagt wurde, muß

$$P_{a,sp} + P_{a,st} + P_{a,fl} + P_{a,sk} = 1$$

sein, und es ist andererseits nach dem oben Entwickelten

$$P_{a,sp} + P_{a,st} + P_{a,fl} + P_{a,sk} =$$
$$\left(\frac{m_r - 1}{m_r}\right)^{2(n-a)} + 2\left(\frac{m_r - 1}{m_r}\right)^{n-a}\left[1 - \left(\frac{m_r - 1}{m_r}\right)^{n-a}\right] + \left[1 - \left(\frac{m_r - 1}{m_r}\right)^{n-a}\right]^2$$

$$P_{a,sp} + P_{a,st} + P_{a,fl} + P_{a,sk} = \left[\left(\frac{m_r - 1}{m_r}\right)^{n-a} + 1 - \left(\frac{m_r - 1}{m_r}\right)^{n-a}\right]^2$$

$$P_{a,sp} + P_{a,st} + P_{a,fl} + P_{a,sk} = 1.$$

Da sowohl „Spitzen“ und „steigende Stufen“ einerseits als auch „Senken“ und „fallende Stufen“ andererseits in bezug auf ihr Verhalten nach Begrenzung des Verkehrs gleiche Eigenschaften haben, so sind die alternativen Wahrscheinlichkeiten dieser beiden Gruppen von Wichtigkeit, es ist nämlich die Wahrscheinlichkeit für eine „Spitze“ oder „steigende Stufe“

$$P_{a,s} = P_{x,sp} + P_{a,st} = \left(\frac{m_r - 1}{m_r}\right)^{2(n-a)} + \left(\frac{m_r - 1}{m_r}\right)^{n-a}\left[1 - \left(\frac{m_r - 1}{m_r}\right)^{n-a}\right]$$
$$= \left(\frac{m_r - 1}{m_r}\right)^{n-a}\left[\left(\frac{m_r - 1}{m_r}\right)^{n-a} + 1 - \left(\frac{m_r - 1}{m_r}\right)^{n-a}\right]$$

$$P_{a,s} = \left(\frac{m_r - 1}{m_r}\right)^{n-a} \quad \ldots\ldots\ldots\ldots \quad (39$$

Die Wahrscheinlichkeit für eine „Senke“ oder „fallende Stufe“ ist:

$$P_{a,f} = P_{a,sk} + P_{a,fl} = \left[1 - \left(\frac{m_r - 1}{m_r}\right)^{n-a}\right]\left(\frac{m_r - 1}{m_r}\right)^{n-a} + \left[1 - \left(\frac{m_r - 1}{m_r}\right)^{n-a}\right]^2$$
$$= \left[1 - \left(\frac{m_r - 1}{m_r}\right)^{n-a}\right]\left[\left(\frac{m_r - 1}{m_r}\right)^{n-a} + 1 - \left(\frac{m_r - 1}{m_r}\right)^{n-a}\right]$$

$$P_{a,f} = 1 - \left(\frac{m_r - 1}{m_r}\right)^{n-a} \quad \ldots\ldots\ldots\ldots \quad (40$$

Wobei wiederum

$$P_{a,s} + P_{af} = 1.$$

Ferner bestehen die Beziehungen:

$$P_{a,sp} = P_{a,s}^2$$

und

$$P_{a,sk} = P_{a,f}^2.$$

In diesem Abschnitt soll Formel (39)

$$P_{a,s} = \left(\frac{m_r - 1}{m_r}\right)^{n-a}$$

zu einem Vergleich des theoretischen und praktischen Resultats benutzt werden, da der Wert $P_{a,s}$, wie später gezeigt wird, auch für die Schlußberechnung berechnet werden muß.

Um das praktische Resultat zu ermitteln, soll aus jeder Versuchsreihe die Gesamtdauer der „Spitzen" und „steigenden Stufen" der Gruppen von 4 und 5 Belegungen (bei Reihe IV auch von 6 Belegungen) ermittelt werden. Das Verhältnis der Gesamtdauer der „Spitzen" und „steigenden Stufen" zur Gesamtdauer aller Klassen derselben Gruppe ergibt den praktischen Wert von $P_{a,s}$.

Versuchsreihe I. $n = 42$.

a	4	5
Spitzen und steigende Stufen sek.	728	155
alle Klassen sek.	888	221
$P_{a,s}$ praktisch	0,818	0,781
$P_{a,s}$ theoretisch	0,856	0,888

Versuchsreihe II. $n = 50$.

a	4	5
Spitzen und steigende Stufen sek.	1967	555
alle Klassen	2343	712
$P_{a,s}$ praktisch	0,844	0,777
$P_{a,s}$ theoretisch	0,827	0,864

Versuchsreihe III. $n = 59$.

a	4	5
Spitzen und steigende Stufen sek.	2480	583
alle Klassen sek.	3101	711
$P_{a,s}$ praktisch	0,800	0,820
$P_{a,s}$ theoretisch	0,792	0,836

Versuchsreihe IV. $n = 68$.

a	4	5	6
Spitzen und steigende Stufen sek.	2913	1094	297
alle Klassen sek.	3863	1327	328
$P_{a,s}$ prakisch	0,754	0,824	0,905
$P_{a,s}$ theoretisch	0,765	0,814	0,849

12. Wie groß ist die Wahrscheinlichkeit bei unbegrenztem Verkehr auf eine Gruppe von a ($a = i$) Belegungen zu stoßen, die nach Begrenzu g des Verkehrs auf i Verbindungsorgane in eine Gruppe von i Belegungen verwandelt wird?

Durch die Beantwortung dieser Frage wird zugleich die Aufgabe dieser Arbeit gelöst; sie gibt die Wahrscheinlichkeit an, mit der ein Anruf erfolgreich ist oder nicht.

Die Wahrscheinlichkeit, auf eine Gruppe von a Belegungen zu stoßen, ist bekanntlich nach Formel

$$w_a = \binom{n}{a}\left(1 = \frac{1}{m}\right)^{a-n}\left(\frac{1}{m}\right)^a \qquad \ldots\ldots\ldots\ldots (9$$

Da sich nun die „steigenden Stufen" und „Spitzen" durch die Begrenzung auf andere Art verwandeln als die „fallenden Stufen" und „Senken", so sollen zunächst die ersten beiden als Gruppe für sich gesondert behandelt werden.

Ist Gewißheit vorhanden, auf eine Gruppe von a Belegungen zu stoßen, so ist die Wahrscheinlichkeit, daß dies eine „steigende Stufe" oder eine „Spitze" ist, nach Formel

$$P_{a,s} = \left(1 - \frac{1}{m_r}\right)^{n-a} \qquad \ldots\ldots\ldots\ldots (39$$

Hierin ist

$$\frac{1}{m_r} = {}^1/_2\, t_a \,\mathrm{std} \qquad \ldots\ldots\ldots\ldots (32'$$

und t_a ist nach Formel (30)

$$t_a = \frac{\frac{1}{a}\binom{n-1}{a-1}(m-1)^{n-a}\frac{2}{a+1}\binom{n-1}{a}(m-1)^{n-1-a} + \ldots + \frac{n-a}{n-1}\cdot 1}{\binom{n-1}{a-1}(m-1)^{n-a} + \binom{n-1}{a}(m-1)^{n-1-a} + \ldots + 1}\, t \quad (30$$

Es ist nun in Abschnitt 8 nachgewiesen worden, daß „steigende Stufen" und „Spitzen" durch die Begrenzung in Gruppen von i Belegungen verwandelt werden, wenn nicht

während der letzten Entstehungsstufe 2 Belegungen
„ „ 2. „ 3 „
„ „ 3. „ 4 „
u. s. f. „ „ $(i-1)$ „ i „

beendet werden.

Nun ist nach Abschnitt 8 Formel (31) die Zeitdauer einer Entstehungsstufe

$$\frac{1}{m_e} = t_e = t_B = \frac{\frac{1}{b}\binom{n-1}{b-1}(m-1)^{n-b} + \frac{1}{b+1}\binom{n-1}{b}(m-1)^{n-1-b}\ \frac{1}{n-1}\,1}{\binom{n-1}{b-1}(m-1)^{n-b} + \binom{n-1}{b}(m-1)^{n-1-b} + \ldots + 1}\, t \quad (31$$

Die Wahrscheinlichkeit, daß während der letzten Entstehungsstufe nur 0 oder 1 Belegungen beendet werden, ist daher als zusammengesetzte Wahrscheinlichkeit analog Formel (11)

$$q_{1,n} = \binom{n-a}{0}\left(1 - \frac{1}{m_e}\right)^{n-a-0}\left(\frac{1}{m_e}\right)^0 + \binom{n-a}{1}\left(1 + \frac{1}{m_e}\right)^{n-a-1}\left(\frac{1}{m_e}\right)$$

Die Wahrscheinlichkeit, daß während der zwei letzten Entstehungsstufen nur 0 oder 1 oder 2 Belegungen beendet werden, ist

$$q_{2,a} = \binom{n-a}{0}\left(1-\frac{2}{m_e}\right)^{n-a-0}\left(\frac{2}{m_e}\right)^0 + \binom{n-a}{1}\left(1-\frac{2}{m_e}\right)^{n-a-1}\left(\frac{2}{m_e}\right)^1 + \binom{n-a}{2}\left(1-\frac{2}{m_e}\right)^{n-a-2}\left(\frac{2}{m_e}\right)^2$$

Die Wahrscheinlichkeit, daß während der $i-1$ letzten Entstehungsstufen 0 oder 1 oder 2 bis $(i-1)$ Belegungen beendet werden, ist

$$q_{i-1,a} = \binom{n-a}{0}\left(1-\frac{i-1}{m_e}\right)^{n-a-0}\left(\frac{i-1}{m_e}\right)^0 + \binom{n-a}{1}\left(1-\frac{i-1}{m_e}\right)^{n-a-1}\left(\frac{i-1}{m_e}\right)^1 + \ldots + \binom{n-a}{i-1}\left(1-\frac{i-1}{m_e}\right)^{n-a-(i-1)}\left(\frac{i-1}{m_e}\right)^{(i-1)} \quad \ldots \ldots \ldots (41$$

In abgekürzter Form ist daher die Wahrscheinlichkeit, daß

während der letzten Stufe nicht mehr als	1 Belegungen	$q_{1,a}$
„ „ „ „ „ „ „	2 „	$q_{2,a}$
„ „ „ „ „ „ „	3 „	$q_{3,a}$
u. s. f.		
„ „ „ „ „ „ „	$(i-1)$ „	$q_{i-1,a}$

beendet werden.

Da nur in dem Falle, daß die sämtlichen Bedingungen $q_{1,a}$, $q_{2,a}$ usf. bis $q_{i-1,a}$ erfüllt werden, eine steigende Stufe oder Spitze von a Belegungen in eine Gruppe von i Belegungen verwandelt wird, so ist

$$q_{1,a} \cdot q_{2,a} \cdot q_{3,a} \cdots q_{(i-1),a} = Q_{i,a} \quad \ldots \ldots \ldots \ldots (42$$

Die Wahrscheinlichkeit, daß die angetroffene „steigende Stufe“ oder „Spitze“ von a Belegungen durch die Begrenzung in eine Gruppe von i Belegungen verwandelt wird, und hieraus folgt:

Die Wahrscheinlichkeit, auf eine „steigende Stufe“ oder „Spitze“ von a Belegungen zu stoßen, die durch die Begrenzung in eine Gruppe von i Belegungen verwandelt wird, ist

$$r_s = Q_{i,a} \cdot P_{a,s} \cdot w_a \quad \ldots \ldots \ldots \ldots \ldots (43$$

Es ist nunmehr die Wahrscheinlichkeit für die „Senken“ und „fallenden Stufen“ zu untersuchen. Es ist die Wahrscheinlichkeit, daß die Gruppe von a Belegungen eine „fallende Stufe“ oder eine Senke ist

$$P_{a,f} = 1 - \left(1 - \frac{1}{m_r}\right)^{n-a} \quad \ldots \ldots \ldots \ldots (40$$

Nun wird über die „Senken“ und „fallenden Stufen“ in Abschnitt 8 gesagt:

„Fallende Stufen“ und „Senken“ werden durch die Begrenzung in Gruppen von i Belegungen verwandelt, wenn

1. die zugehörige Spitze durch die Begrenzung in eine Gruppe von i Belegungen verwandelt wird;
2. der Anruf derjenigen Belegung, deren Abschluß den Beginn der „fallenden Stufe“ bildet, erfolglos war.

Zunächst soll die Erfüllung der ersten Bedingung ermittelt werden. Es ist in Abschnitt 9 nachgewiesen worden, daß die Dauer der Spitzengruppe gleich der Dauer der einzelnen Entstehungsstufen ist. Ist also t_e die mittlere Dauer einer Entstehungsstufe von a Belegungen, so ist die zugehörige Spitze ebenfalls von der Dauer t_e. Nun ist die Voraussetzung, daß diese Spitze in eine Gruppe von i Belegungen verwandelt wird

$$Q_{i,e} = q_{1,e} \cdot q_{2,e} \cdot q_{3,e} \quad . \quad . \quad . \quad . \quad q_{i-1,e},$$

da aber das t_e für $Q_{i,e}$ das gleiche ist wie für $Q_{i,a}$, ist zu setzen

$$Q_{i,e} = Q_{i,a} \quad . \quad . \quad . \quad . \quad . \quad . \quad . \quad . \quad . \quad . \quad . \quad . \quad . \quad . \quad . \quad (44$$

$Q_{i,a}$ ist also die Wahrscheinlichkeit für die Erfüllung der ersten Bedingung.

Die Wahrscheinlichkeit für die zweite Bedingung ist gleichbedeutend mit der Wahrscheinlichkeit, daß im Moment des Eintreffens des Anrufes, dessen Schluß die „fallende Stufe" einleitet, bereits i Anrufe vorliegen. Ist die einleitende Belegung die b te der a Belegungen, so müssen im Moment ihres Eintreffens bereits $i-(b-1)$ Belegungen vorliegen, die noch vor Beginn der Spitze beendet sein müssen, d. h. es dürfen nicht 0 oder 1 oder 2 bis $i-b$ Belegungen beendet werden. Es sei nun

$$t_f = \frac{1}{m_f}$$

die Zeit vom Eintreffen derjenigen Belegung, deren Schluß die „fallende Stufe" einleitet, bis zum Beginn der Spitze, dann ist die Wahrscheinlichkeit, daß in dieser Zeit 0, 1, 2 bis $i-b$ Belegungen beendet werden analog Formel (11)

$$v_f = \binom{n-a}{0}\left(1-\frac{1}{m_f}\right)^{n-a}\left(\frac{1}{m_f}\right)^0 + \binom{n-a}{1}\left(1-\frac{1}{m_f}\right)^{n-a-1}\left(\frac{1}{m_f}\right)^1 + \; . \; . \; .$$
$$+ \binom{n-a}{i-b}\left(1-\frac{1}{m_f}\right)^{n-a-i-b}\left(\frac{1}{m_f}\right)^{i-b} \quad . \quad . \quad . \quad . \quad . \quad . \quad . \quad . \quad . \quad . \quad (45$$

Die Wahrscheinlichkeit, daß dies nicht eintrifft, ist aber

$$1 - v_f = 1 - \left[\binom{n-a}{0} \; . \; . \; . \left(\frac{1}{m_f}\right)^{i-b}\right] \quad . \quad . \quad . \quad . \quad . \quad . \quad . \quad . \quad . \quad (46$$

Es ist nun die Größe der Zeit

$$t_f = \frac{1}{m_f}$$

zu bestimmen, um damit auch den Wert b zu erhalten. Formel (31) gibt den Wert der Entstehungsstufen und der Spitze, die zu der fallenden Stufe gehören, an, während andererseits Formel (20)

$$t_s = \frac{1}{a}\,t \text{ oder } t_B = \frac{1}{B}\,t$$

die Anzahl der Belegungen ermitteln läßt, wenn die Dauer der mittleren Belegung und der Spitze bekannt ist. Ist daher B die Anzahl der Belegungen der Spitze und a die Belegungen der fallenden Stufe, so ist

$$b = B - a, \text{ wenn } t_B = \frac{1}{B} t \quad \ldots \ldots \ldots \ldots (47$$

und somit

$$\frac{1}{m_f} = t_f = t - (b)\, t_e \quad \ldots \ldots \ldots \ldots (48$$

Somit ist die Wahrscheinlichkeit, daß eine fallende Stufe oder Senke von a Belegungen in eine Gruppe von i Belegungen verwandelt wird, gleich der zusammengesetzten Wahrscheinlichkeit der beiden Bedingungen:

$$Q_{i,a}\,(1 - v_f).$$

Die Wahrscheinlichkeit, auf eine „fallende Stufe" oder „Senke" von a Bewegungen zu treffen, die durch die Begrenzung in eine Gruppe von i Belegungen verwandelt wird, ist somit

$$r = w_a\, P_{a,f}\, Q_{i,a}\,(1 - v_f) \quad \ldots \ldots \ldots \ldots (49$$

Durch alternative Zusammenstellung der beiden Wahrscheinlichkeiten $r_s + r_f$ erhält man dann die Wahrscheinlichkeit auf eine Gruppe von a Belegungen zu stoßen, die durch die Begrenzung in eine Gruppe von i Belegungen verwandelt wird. Es ist

$$r_a = r_f + r_s = w_a + Q_{i,a}\, P_{a,s} + w_a\, Q_{i,a}\, P_{a,f}\,(1 - v_f) \quad \ldots \ldots \ldots (50$$

Es ist nun

$$P_{a,f} = 1 - P_{a,s}.$$

Somit ist

$$r = w_a\, Q_{i,a}\,[P_{a,s} + (1 - P_{a,s})\,(1 - v_f)],$$

$$\underline{r_a = Q_{i,a}\, w_a\,[(1 - v_f) + P_{a,s}\, v_f]} \quad \ldots \ldots \ldots \ldots (51$$

Zum Schluß sei nun die Wahrscheinlichkeit gegeben, bei begrenztem Verkehr auf eine Gruppe von i Belegungen zu treffen: d. h. die Wahrscheinlichkeit, auf eine Gruppe von Belegungen zu treffen, die bei unbegrenztem Verkehr aus a $(i > a \leq n)$ Belegungen besteht, durch die Begrenzung aber in eine Gruppe von i Belegungen verwandelt wird. Es ist

$$R_a = \sum_{a=i}^{a=n} Q_{i,a}\, w_a\,[P_{a,s}\, v_f + (1 - v_f)] \quad \ldots \ldots \ldots \ldots (52$$

Hierin ist

$$Q_{i,a} = q_{1,a}\, q_{2,a} \ldots q_{i-1,a} \quad \ldots \ldots \ldots \ldots (42$$

wobei

$$q_{1,a} = \binom{n-a}{0}\left(1 - \frac{1}{m_e}\right)^{n-a-0}\left(\frac{1}{m_e}\right)^{n-a} + \binom{n-a}{1}\left(1 - \frac{1}{m_e}\right)^{n-a-1}\left(\frac{1}{m_e}\right)^{1}$$

bis

$$q_{i-1,a} = \binom{n-a}{0}\left(1-\frac{1}{m_e}\right)^{n-a-0}\left(\frac{1}{m_e}\right)^{n-a} + \binom{n-a}{1}\left(1-\frac{1}{m_e}\right)^{n-a-1}\left(\frac{1}{m_e}\right)^{1}$$

$$+ \binom{n-a}{i-1}\left(1-\frac{1}{m_e}\right)^{n-a-(i-1)}\left(\frac{1}{m_e}\right)^{i-1} \quad \ldots\ldots\ldots\ldots (41$$

wobei

$$\frac{1}{m_e} = t_e = \frac{\frac{1}{b}\binom{n-b}{b-1}(m-1)^{n-b} + \frac{1}{b+1}\binom{n-1}{b-1}(m-1)^{n-1-b} + \ldots\ldots + \frac{1}{n-1}}{\binom{n-1}{b-1}(m-1)^{n-b} + \binom{n-1}{b}(m-1)^{n-1-b} + \ldots\ldots + 1}\, t \quad (31$$

Ferner ist

$$w_a = \binom{n}{a}\left(1-\frac{1}{m}\right)^{n-a}\left(\frac{1}{m}\right)^{a} \quad \ldots\ldots\ldots\ldots (9$$

Ferner ist

$$P_{a,s} = \left(1-\frac{1}{m_r}\right)^{n-a} \quad \ldots\ldots\ldots\ldots (39$$

wobei

$$\frac{1}{m_r} = \frac{1}{2}\, t_a = \frac{\frac{1}{b}\binom{n-1}{b-1}(m-1)^{n-b} + \frac{2}{b}\binom{n-1}{b}(m-1)^{n-1-b} + \ldots + \frac{n-b}{n-1}}{\binom{n-1}{b-1}(m-1)^{n-b} + \binom{n-1}{b}(m-1)^{n-1-b} + \ldots + 1}\, t \quad (30$$

Schließlich ist

$$v_f = \binom{n-a}{0}\left(1-\frac{1}{m_f}\right)^{n-a-0}\left(\frac{1}{m_f}\right)^{0} + \ldots + \binom{n-a}{i-b}\left(1-\frac{1}{m_f}\right)^{n-a-(i-b)}\left(\frac{1}{m_f}\right)^{i-b} \quad \ldots (45$$

wobei

$$\frac{1}{m_f} = t_f = 1 - (b)\, t_e \quad \ldots\ldots\ldots\ldots (48$$

worin

$$b = (B-a), \text{ wenn } t_B = \frac{1}{B}\, t. \quad \ldots\ldots\ldots\ldots (47$$

In diesem Abschnitt ist angenommen worden, daß die Anzahl der Anrufe gleich der Zahl der beendeten Belegungen ist; dies ist aber bei Begrenzung des Verkehrs gerade nicht der Fall. Es müßte daher eigentlich jetzt noch eine Korrektur des Wertes n erfolgen, die wiederum größere Rechenoperationen erfordert. Da man aber ohne dieselbe für die üblichen Begrenzungen des Verkehrs, wie die Vergleiche mit den A. E. G.-Versuchen zeigen werden, eine genügende Genauigkeit erzielen wird, soll diese Korrektur nicht weiter behandelt werden.

Es folgen nun Vergleichswerte der theoretischen Berechnung mit den praktischen Ermittelungen bei Gelegenheit der A. E. G.-Versuche für Formel 52.

Um die Gesamtdauer der Zeiten zu ermitteln, in denen nach Begrenzung des Verkehrs sämtliche Verbindungsorgane belegt gewesen wären, wurde die Kurve jedesmal nach den Gesichtspunkten des Abschnittes 8 abgeändert, wobei vorausgesetzt wurde, daß die Beendigung der Belegungen in derselben Reihenfolge erfolgte wie der Beginn. Es ergeben

Versuchsreihe I. $n = 42$.

a	4	5	6
R praktisch =	0,020288	0,004744	0,001575
R theoretisch =	0,023830	0,005178	0,000895

Versuchsreihe II. $n = 50$.

a	4	5	6
R praktisch =	0,034542	0,009083	0,001661
R theoretisch =	0,036422	0,009505	0,001976

Versuchsreihe III.

a	4	5	6
R praktisch =	0,046793	0,011818	0,002273
R theoretisch =	0,055519	0,017012	0,004259

Versuchsreihe IV.

a	4	5	6
R praktisch =	0,063050	0,019396	0,005055
R theoretisch =	0,070112	0,024061	0,006756

Wie man sieht, sind die praktischen Ergebnisse von R zwar durchweg kleiner als die theoretischen. Alle Vergleichswerte sind aber von der gleichen Größenordnung, so daß man mit dem Ergebnis sich begnügen kann; denn eine größere Genauigkeit hat schon deshalb keinen Wert, weil in einer einzelnen Beobachtungsstunde die tatsächlichen Abweichungen auch nach dem Grundbegriff der Wahrscheinlichkeitsrechnung sehr große sein können.

13. Die Anwendung der Wahrscheinlichkeitsrechnung in der Praxis.

Für die Anwendung der Wahrscheinlichkeitsrechnung kommen lediglich die Formeln (13) und (52) in Betracht:

Formel (13)

$$W_a = \binom{n}{a} \left(\frac{1}{m}\right)^a \left(1 - \frac{1}{m}\right)^{n-a} + \binom{n}{a+1} \left(\frac{1}{m}\right)^{a+1} \left(1 - \frac{1}{m}\right)^{n-(a+1)} + \dots \left(\frac{1}{m}\right)^n$$

ist gültig für den unbegrenzten Verkehr. Gegenüber der später zu behandelnden Formel (52) ist sie verhältnismäßig einfach zu berechnen. Der Verfasser hat daher am Schluß dieser Arbeit auf Grund dieser Formel die Verkehrsverhältnisse bei 3 min. Belegungsdauer für Belegungszahlen bis zu 1000 Belegungen stündlich ermittelt und die wichtigsten Werte in einer Kurventafel eingezeichnet. Ein Schema der Berechnung findet sich bei der Auswertung der zweiten Versuchsreihe. Zur Berechnung der Binomialkoeffizienten wurden die Tafeln von C. F. Degen (Tabularum ad faciliorem probabilitatis computationem utilem Euneas) aus der Königl. Bibliothek zu Berlin benutzt. Wichtig erschienen dem Verfasser die Werte, die zwischen der Campbellschen und der Western-Kurve liegen. Man sieht hieraus, wie weit die Ansichten über die Güte des Verkehrs voneinander abweichen. Zwar hat Campbell den Wert

$$a = \frac{n}{m} = nt \quad \dots\dots\dots\dots\dots \quad (12$$

dauernd überschritten, wie schon im ersten Abschnitte nachgewiesen wurde. Aber während die Campbellsche Anzahl von Organen bei unbegrenztem Verkehr $^1/_{30}$ bis $^1/_{10}$ der Stunde besetzt ist, ist die Western-Kurve stetig steigend und erreicht bei 600 Belegungen pro Stunde den Wert $^1/_{13000}$.

Will man sich mit der Formel (13) nicht begnügen so muß man Formel (52) anwenden; die Berechnung dieser Formel ist aber durch die Produkte von Reihen so zeitraubend, daß sie für größere Werte von i kaum anwendbar ist.

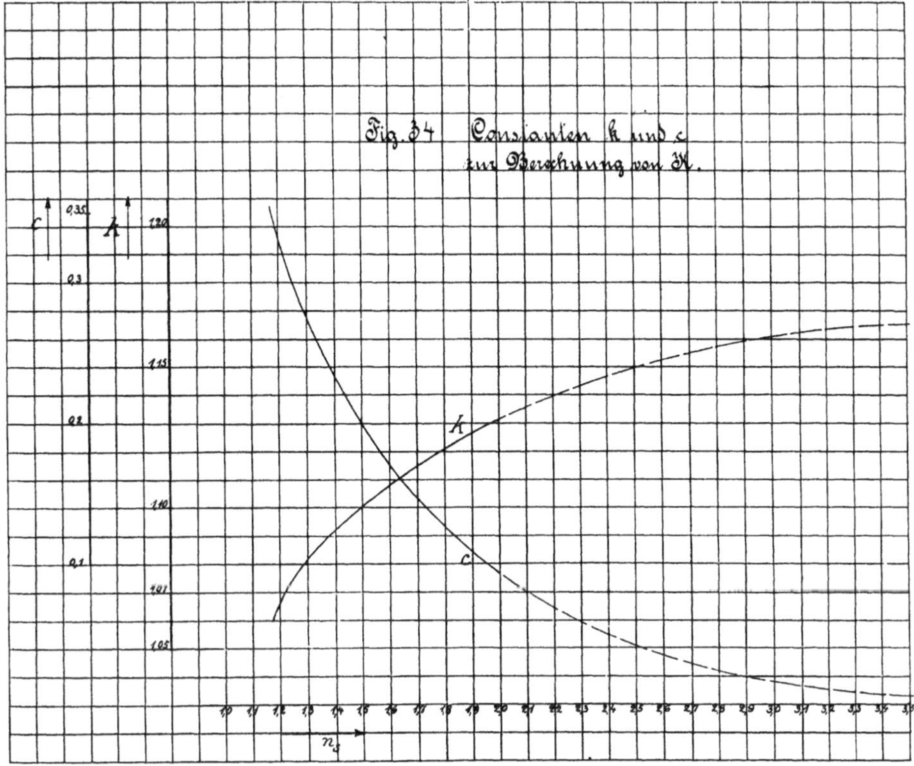

Der Verfasser hat daher an Hand der theoretischen Berechnung der A. E. G.-Versuche Formel (52) durch eine Annäherungsformel zu ersetzen, welche in folgender Form gefunden wurde:

$$R_a = \sum_{a=i}^{a=n} w_a K_a, \text{ wenn } K_a = k \cdot c^{\frac{1}{a}} \qquad \text{(52a)}$$

Hierbei sind die Werte k und c abhängig von der Gesprächsdichte bezogen auf die mittlere Belegungsdauer

$$n_s = \frac{n}{m} = n \cdot t.$$

Die durch die Berechnung der A. E. G.-Versuche ermittelten Werte k und c sind in Fig. 34 zu Kurven vereinigt worden in der Form

$$k = f(n_s)$$

und

$$c = f(n_s)$$

Zu beachten ist, daß k und c nur gültig sind für die in der Praxis anwendbaren Wahrscheinlichkeiten, das ist zwischen $^1/_{10}$ bis $^1/_{000000}$.

Anhang.

Die Auswertung der zweiten Versuchsreihe.

I. Versuchsdaten.

Belegung von *a* Wählern bei begrenztem und unbegrenztem Verkehr.

Nr.	Datum	Zeit	Bl.	4	—4	4b	5	—5	5b	6	—6	6b	J.
1	19. Novbr.	10 — 10^{30}	52	1,5	—	1,5	—	—	—	—	—	—	17,8
2		10^{30} — 11	46	5,9	0,8	5,1	1,5	—	1,5	—	—	—	19,1
3		11 — 11^{30}	51	6,0	0,5	5,5	1,7	—	1,7	—	—	—	19,0
4	21. Novbr.	9 — 9^{30}	58	6,1	0,3	5,8	0,7	—	0,7	—	—	—	15,9
5		11 — 11^{30}	48	6,3	1,6	4,7	2,2	—	2,2	—	—	—	16,5
6		11^{30} — 12	50	8,4	5,3	3,1	3,5	1,6	1,9	0,5	—	0,5	20,9
7		12^{30} — 1	55	3,4	1,3	2,1	1,2	—	1,2	—	—	—	16,4
8		4 — 4^{30}	48	2,6	—	2,6	—	—	—	—	—	—	16,7
9		4^{30} — 5	46	2,3	0,3	2,0	0,3	—	0,3	—	—	—	12,9
10	22. Novbr.	10^{30} — 11	57	1,8	—	1,8	—	—	—	—	—	—	13,3
11		12^{30} — 1	50	1,9	—	1,9	—	—	—	—	—	—	14,5
12		5^{30} — 6	58	15,5	7,2	8,3	8,4	6,5	1,9	4,8	3,6	1,2	24,5
13		6 — 6^{30}	51	1,5	—	1,5	—	—	—	—	—	—	15,9
14		6^{30} — 7	44	3,2	1,5	1,7	0,3	—	0,3	—	—	—	11,8
15	23. Novbr.	1 — 1^{30}	49	7,5	2,3	5,2	2,5	1,3	1,2	1,1	0,6	0,5	18,4
16		1^{30} — 2	55	10,0	1,7	8,3	2,3	—	2,3	—	—	—	25,8
17		2 — 2^{30}	45	9,0	2,0	7,0	4,9	0,7	4,2	2,4	—	2,4	26,5
18		3 — 3^{30}	53	6,0	3,6	2,4	5,2	3,0	2,2	1,5	0,3	1,2	14,6
19	25. Novbr.	9 — 9^{30}	49	—	—	—	—	—	—	—	—	—	11,5
20		10^{30} — 11	46	3,9	0,1	3,8	0,2	—	0,2	—	—	—	14,9
21		11 — 11^{30}	49	11,3	3,0	8,3	2,3	—	2,3	—	—	—	18,3
22		11^{30} — 12	57	4,3	2,8	1,5	2,4	1,8	0,6	0,4	—	0,4	16,0
23		12 — 12^{30}	53	11,0	2,6	8,4	1,5	—	1,5	—	—	—	20,2
24		3^{30} — 4	55	7,5	1,6	5,9	1,9	—	1,9	—	—	—	18,1
25		5^{30} — 6	46	2,0	—	2,0	—	—	—	—	—	—	13,4
26	26. Novbr.	9^{30} — 10	50	3,8	0,3	3,5	1,3	—	1,3	—	—	—	15,3
27		10 — 10^{30}	47	12,8	2,6	10,2	2,2	—	2,2	—	—	—	25,4
28		11 — 11^{30}	43	2,9	—	2,9	—	—	—	—	—	—	14,4
29		6 — 6^{30}	55	0,2	—	0,2	—	—	—	—	—	—	15,6
30	27. Novbr.	9^{30} — 10	48	2,1	—	2,1	—	—	—	—	—	—	15,3
31		10^{30} — 11	56	11,3	2,2	9,1	2,2	—	2,2	—	—	—	24,2
32	28. Novbr.	3 — 3^{30}	49	0,2	—	0,2	—	—	—	—	—	—	15,1
33	29. Novbr.	11 — 11^{30}	53	10,2	1,6	8,6	4,0	0,2	3,8	0,5	—	0,5	22,9
34		11^{30} — 12	48	2,3	—	2,3	—	—	—	—	—	—	17,2
35		3 — 3^{30}	49	5,4	—	5,4	—	—	—	—	—	—	16,0
36		5^{30} — 6	46	10,7	3,1	7,6	4,1	0,4	3,7	0,4	—	0,4	18,9
37		6 — 6^{30}	54	3,4	1,8	1,6	1,8	0,9	0,9	—	—	—	14,0
38	30. Novbr.	10 — 10^{30}	47	1,6	—	1,6			—				11,4
39		11 — 11^{30}	53	7,9	0,8	7,1	2,1	0,7	1,2	0,3	—	0,9	20,1
40		12^{30} — 1	55	—	—	—	—	—	—	—	—	—	17,1
			2025	216,7	50,9	165,8	60,7	17,1	43,6	12,8	4,5	8,0	696,4

II. Versuchsdaten.

Verteilung auf Spitzen, Senken, steigende und fallende Stufen.

Nr.	4	Sp.	4	St.	4	Fall.	4	Senk.	5	Sp.	5	St.	5	Fall.	5	Senk.
1	2	1,5														
2	2	1,4	2	2,2	2	0,8			2	1,5						
3	4	3,3	1	1,0	1	0,0			1	1,7						
4	6	4,9	1	0,2	1	0,3			1	0,7						
5	4	2,0	1	0,5	1	1,6			1	2,2						
6	5	2,1	3	0,4	3	1,9	1	0,5	2	1,2	1	0,3	1	1,5		
7	2	1,4	1	0,3	1	0,5			1	1,2						
8	6	2,6														
9			1	1,8	1	0,2			1	0,3						
10	1	1,8														
11	1	1,9														
12	5	5,3	2	1,1	2	0,7			1	0,4	1	0,6	1	0,1	1	2,5
13	1	1,5														
14	3	0,8	1	0,6	1	1,5			1	0,3						
15	5	3,8	1	0,2	1	1,0					1	0,7	1	0,6	1	0,1
16	8	6,7	2	0,4	2	0,5	1	0,1	3	2,3						
17	4	1,8	3	1,0	3	1,0	1	0,3	3	1,3	1	0,5	1	0,7		
18	1	0,2	1	0,2	1	0,3	1	0,3	1	0,2	1	0,8	1	1,4	2	1,3
19																
20	5	3,5	1	0,1	1	0,1			1	0,2						
21	3	4,3	3	2,3	3	1,1	4	1,3	5	2,3						
22	1	0,5	2	0,4	2	1,0			2	1,5	1	0,1	1	0,4		
23	7	6,8	1	0,7	1	0,4	5	1,6	3	1,5						
24	5	3,7	2	1,0	2	0,9			2	1,9						
25	6	2,0														
26	2	1,2	2	1,0	2	0,3			2	1,3						
27	7	7,1	3	2,3	3	1,2			3	2,2						
28	3	2,9														
29	1	0,2														
30	5	2,1														
31	9	6,1	3	2,0	3	0,5	1	0,5	5	2,2						
32	1	0,2														
33	4	2,5	2	2,3	2	1,4			1	2,7	1	0,6	1	0,1	1	0,1
34	4	2,3														
35	8	5,4														
36	3	2,1	2	2,4	2	0,6	2	1,5	3	2,7	1	0,6	1	0,4		
37	1	0,4	1	0,3	1	0,9					1	0,5	1	0,8	1	0,1
38	2	1,6														
39	5	3,6	1	2,1	1	0,1					1	0,5	1	0,4		
40	5	3,0														
	146	104,3	43	26,8	43	19,0	12	6,1	45	31,8	10	5,2	10	6,4	6	4,1
sek. . . .		1565		687				91		477		174				61
		2343								712						

Nr.	6	Sp.	6	St.	6	Fall.	6	Senk.	7	Sp.	7	St.	7	Fall.	7	Senk.	8	Sp.
6	2	0,5																
12	1	1,3	1	0,3	1	1,2	1	0,1	1	0,8	1	0,2	1	0,3	1	0,7	2	0,4
15	1	0,2	1	0,1	1	0,6			1	0,2								
17	1	2,4																
18	2	0,4	1	0,8	1	0,3			1	0,5								
22	1	0,4																
33	2	0,5																
36	1	0,4																
37	2	0,4																
39			1	0,8	1	0,3			1	0,6								
	13	6,5	4	1,0	4	2,4	1	0,1	4	1,6	1	0,2	1	0,3	1	0,7	2	0,4
sek. . . .		98		51				2		24		8				11		6
sek. . . .				151								43						6

III.

$$W_a = \sum_{a=1}^{a=n} \binom{n}{a} \left(1 - \frac{1}{m}\right)^{n-a} \left(\frac{1}{m}\right)^a$$

$n = 50$
$t = 0{,}8176$ min. $= 49{,}056$ sek.
$m = 36{,}69$

$\log m = 1{,}564\,580\,4$
$\log (m-1) = 1{,}552\,458\,6$

$\log \left(\frac{1}{m}\right)^n = 0{,}770\,980\,0 - 79$

Nr.	a	$\log \binom{n}{a}$	$\log (m-1)^{n-a}$	$\log w_a$	w_a	W_a
1	3	4,292 256 0	72,965 554 2	0,029 808 3 — 1	$1{,}0685 \cdot 10^{-1}$	
2	4	5,362 294 0	71,413 095 6	0,546 369 6 — 2	$3{,}5187 \cdot 10^{-2}$	0,046 560
3	5	6,326 082 0	69,860 637 0	0,957 699 0 — 3	$9{,}0719 \cdot 19^{-3}$	0,011 373
4	6	7,201 143 1	68,308 178 4	0,280 801 5 — 3	$1{,}9068 \cdot 10^{-3}$	0,002 301
5	7	7,999 497 7	66,755 719 8	0,526 197 5 — 4	$3{,}3589 \cdot 10^{-4}$	0,000 394
6	8	8,729 876 2	65,203 261 2	0,704 117 4 — 5	$5{,}0596 \cdot 10^{-5}$	0,000 058
7	9	9,398 883 0	63,650 802 6	0,820 665 6 — 6	$6{,}6171 \cdot 10^{-6}$	
8	10	10,011 666 8	62,098 344 0	0,880 990 8 — 7	$7{,}6031 \cdot 10^{-7}$	

IV.

$t_{e,a}$ und t_a

		$\frac{1}{a+1} w_a$	$\frac{a-2}{a+1} w_a$
3	0,106 850 0 : 4	= 0,026 712 5	. 1 = 0,026 712 5
4	0,035 187 0 : 5	= 0,007 037 4	. 2 = 0,014 074 8
5	0,009 071 9 : 6	= 0,001 512 0	. 3 = 0,004 536 0
6	0,001 905 8 : 7	= 0,000 272 4	. 4 = 0,001 089 6
7	0,000 335 9 : 8	= 0,000 042 0	. 5 = 0,000 210 0
8	0,000 050 6 : 9	= 0,000 005 6	. 6 = 0,000 028 0
9	0,000 006 6 : 10	= 0,000 000 66	7 = 0,000 004 6
10	0,000 000 6 : 11	= 0,000 000 07	. 8 = 0,000 000 6
	0,153 409 6	0,035 582 6	0,046 636 1
	0,185 853 7 — 1	0,551 237 7 — 2	0,668 907 5 — 2
		0,185 853 7 — 1	0,185 853 7 — 1
		0,365 384 0 — 1	0,483 054 8 — 1
		1,690 692 1	1,690 692 1
	$t_{e,4} = 11{,}38$	1,056 076 1 — 1	1,173 746 9 $t_4 = 14{,}92$

4	0,035 187 0 : 5	= 0,007 037 4 . 1	= 0,007 037 4	
5	0,009 071 9 : 6	= 0,001 512 0 . 2	= 0,003 024 0	
6	0,001 906 8 : 7	= 0,000 272 4 . 3	= 0,000 817 2	
7	0,000 335 9 : 8	= 0,000 042 0 . 4	= 0,000 168 0	
8	0,000 050 6 : 9	= 0,000 005 6 . 5	= 0,000 028 0	
9	0,000 006 6 : 10	= 0,000 000 66 . 6	= 0,000 004 0	
10	0,000 000 8 : 11	= 0,000 000 07 . 7	= 0,000 000 5	
	0,046 559 6	0,088 870 1	0,011 079 1	
	0,668 382 2 — 2	0,947 928 5 — 3	0,044 504 5 — 2	
		0,668 382 2 — 2	0,668 382 2 — 2	
		0,279 546 3 — 1	0,376 122 3 — 1	
		1,690 692 1	1,690 692 1	
	$t_{e,5} = 9,34$	0,970 238 4	0,066 814 4 — 1	$t_5 = 11,66$

5	0,009 071 9 : 6	= 0,001 512 0 . 1	= 0,001 512 0	
6	0,001 906 8 : 7	= 0,000 272 4 . 2	= 0,000 544 8	
7	0,000 335 9 : 8	= 0,000 042 0 . 3	= 0,000 126 0	
8	0,000 050 6 : 9	= 0,000 005 6 . 4	= 0,000 022 4	
9	0,000 006 6 : 10	= 0,000 000 66 . 5	= 0,000 003 3	
10	0,000 000 8 : 11	= 0,000 000 08 . 6	= 0,000 000 5	
	0,011 372 6	0,001 832 7	0,002 209 0	
	0,055 859 8 — 2	0,263 091 4 — 3	0,344 195 7 — 3	
		0,055 859 8 — 2	0,055 859 8	
		0,207 231 6 — 1	0,288 335 9 — 1	
		1,690 692 1	1,690 692 1	
	$t_{e,6} = 7,91$	0,897 923 7	0,979 028 0	$t_6 = 9,53$

6	0,001 906 8 : 7	= 0,000 272 4 . 1	= 0,000 272 4	
7	0,000 335 9 : 8	= 0,000 042 0 . 2	= 0,000 084 0	
8	0,000 050 6 : 9	= 0,000 005 6 . 3	= 0,000 016 8	
9	0,000 006 6 : 10	= 0,000 000 66 . 4	= 0,000 002 6	
10	0,000 000 8 : 11	= 0,000 000 08 . 5	= 0,000 000 4	
	0,002 300 7	0,000 320 7	0,000 376 2	
	0,361 860 0 — 3	0,506 099 0 — 4	0,575 418 8 — 4	
		0,361 860 0 — 3	0,361 860 0 — 3	
		0,144 239 0 — 1	0,213 558 8 — 1	
		1,690 692 1	1,690 692 1	
	$t_{e,7} = 6,84$	0,834 931 1	0,904 250 9	$t_7 = 8,04$

7	0,000 335 9 : 8	= 0,000 042 0 . 1	= 0,000 042 0	
8	0,000 050 6 : 8	= 0,000 005 6 . 2	= 0,000 011 2	
9	0,000 006 6 : 10	= 0,000 000 66 . 3	= 0,000 002 0	
10	0,000 000 8 : 11	= 0,000 000 08 . 4	= 0,000 000 3	
	0,000 394 0	0,000 048 3	0,000 055 5	
	0,595 496 2 — 4	0,683 947 1 — 5	0,744 293 0 — 5	
		0,595 496 2 — 4	0,595 496 2 — 4	
		0,088 450 9 — 1	0,148 796 8 — 1	
		1,690 692 1	1,690 692 1	
	$t_{e,8} = 6,01$	0,779 143 0	0,839 488 9	$t_8 = 6,91$

V.

$$P_{a,s} = \left(\frac{m_r - 1}{m_r}\right)^{n-a}$$

$a = 4.$

$t_a = 14,92,$ $\quad m_r - 1 = 240,29,$ $\quad \log(m_r - 1) = 2,380\,735\,7$

$t_r = 7,46,$ $\quad m_r = 241,29,$ $\quad \log m_r = 2,382\,539\,3$

$0,998\,196\,4 - 1$

$\log P_{4,s} = (0,998\,196\,4 - 1)\,46 = 0,917\,284\,0 - 1$

$P_{4,s} = 0,826\,58.$

$a = 5$

$t_a = 11,66,$ $\quad m_r - 1 = 307,75,$ $\quad \log(m_r - 1) = 2,488\,198\,1$

$t_r = 5,83,$ $\quad m_r = 308,75,$ $\quad \log m_r = 2,489\,607\,0$

$0,998\,591\,1 - 1$

$\log P_{5,s} = (0,998\,591\,1 - 1)\,45 = 0,936\,599\,5 - 1$

$P_{5,s} = 0,864\,17.$

$a = 6.$

$t_a = 9,53,$ $\quad m_r - 1 = 377,15,$ $\quad \log(m_r - 1) = 2,576\,514\,1$

$t_r = 4,76,$ $\quad m_r = 378,15,$ $\quad \log m_r = 2,577\,664\,1$

$0,998\,850\,0 - 1$

$\log P_{6,s} = (0,998\,850\,0 - 1)\,44 = 0,949\,400\,0 - 1$

$P_{6,s} = 0,890\,02$

$a = 7.$

$t_a = 8,04,$ $\quad m_r - 1 = 446,75,$ $\quad \log(m_r - 1) = 2,650\,074\,3$

$t_r = 4,02,$ $\quad m_r = 447,76,$ $\quad \log m_r = 2,651\,045\,3$

$0,999\,029\,0 - 1$

$\log P_{7,s} = (0,999\,029\,1 - 1)\,43 = 0,958\,247\,0 - 1$

$P_{7,s} = 0,908\,34.$

$a = 8.$

$t_a = 6,91,$ $\quad m_r - 1 = 519,23,$ $\quad \log(m_r - 1) = 2,715\,359\,8$

$t_r = 3,46,$ $\quad m_r = 520,23,$ $\quad \log m_r = 2,716\,195\,4$

$0,999\,163\,4 - 1$

$\log P_{8,s} = (0,999\,163\,4 - 1)\,42 = 0,964\,862\,8 - 1$

$P_{8,s} = 0,922\,28.$

VI.

$Q_{i,a}.$

$t_{e,4} = 11,98,$ $\quad \log m_e = 2,199\,124\,1$

$n = 46 + 4 = 50,$ $\quad \log(m_e - 1) = 2,196\,369\,7$

$n - a = 46,$ $\quad \log \left(\frac{1}{m_e}\right)^{n-a} = 0,840\,291\,4 - 102$

$m_e = 158,17,$

$m_e - 1 = 157,17,$

Nr.	c	$\log \binom{n-a}{c}$	$\log (m_e - 1)^{n-a-c}$	$\log q_c$	q_c	
1	0	0,000 000 0	101,033 006 2	0,873 297 6 — 1	0,746 96	$Q_{1,4} = 0{,}965\,58$
2	1	1,602 757 8	98,836 636 5	0,339 685 7 — 1	0,218 62	

$$\frac{1}{2} m_e = 79{,}08, \qquad \log \frac{1}{2} m_e = 1{,}898\,066\,7$$

$$\frac{1}{2} m_e - 1 = 78{,}08, \qquad \log \left(\frac{1}{2} m_e - 1\right) = 1{,}892\,539\,8$$

$$\log \left(\frac{2}{m_e}\right)^{n-a} = 0{,}688\,931\,8 - 88.$$

Nr.	c	$\log \binom{n-a}{c}$	$\log (m_e - 1)^{n-a-c}$	$\log q_c$	q_c	
1	0	0,000 000 0	87,056 830 8	0,745 762 6 — 1	0,556 88	$Q_{2,4} = 0{,}969\,22$
2	1	1,662 757 8	85,164 291 0	0,515 980 6 — 1	0,328 08	
3	2	3,014 940 4	83,271 751 2	0,925 623 4 — 2	0,084 26	

$$\frac{1}{3} m_e = 52{,}72, \qquad \log \frac{1}{3} m_e = 1{,}721\,975\,4$$

$$\frac{1}{3} m_e - 1 = 51{,}72, \qquad \log \left(\frac{1}{3} m_e - 1\right) = 1{,}713\,658\,5$$

$$\log \left(\frac{3}{m_e}\right)^{n-a} = 0{,}789\,131\,6 - 80.$$

Nr.	c	$\log \binom{n-a}{c}$	$\log (m_e - 1)^{n-a-c}$	$\log q_c$	q_c	
1	0	0,000 000 0	78,828 291 0	0,617 422 6 — 1	0,414 40	
2	1	1,662 757 8	77,114 632 5	0,566 521 9 — 1	0,368 57	
3	2	3,014 940 4	75 400 974 0	0,205 046 0 — 1	0,160 34	$Q_{3\,4} = 0{,}987\,97$
4	3	4,181 271 7	73,687 315 5	0,648 718 8 — 2	0,044 54	

$$\log Q_{1,4} = 0{,}984\,788\,3 - 1,$$
$$\log Q_{2,4} = 0{,}986\,422\,4 - 1,$$
$$\log Q_{3,4} = 0{,}994\,743\,8 - 1,$$
$$\overline{\log Q_{4\,3} = 0{,}965\,954\,5 - 1.}$$

$$t_{e,5} = 9{,}34. \qquad \log m_e = 2{,}284\,926\,8.$$

$$n = 45 + (5) = 50. \qquad \log (m_e - 1) = 2{,}282\,667\,4.$$

$$n - a = 45.$$

$$m_e = 192{,}72. \qquad \log \left(\frac{1}{m_e}\right)^{n-a} = 0{,}177\,844\,0 - 103.$$

$$m_e - 1 = 191{,}72.$$

Nr.	c	$\log \binom{n-a}{c}$	$\log (m_e - 1)^{n-a-c}$	$\log q_c$	q_c	
1	0	0,000 000 0	102,720 033 0	0,897 877 0 — 1	0,790 46	
2	1	1,653 212 5	100,437 365 6	0,268 422 1 — 1	0,185 53	$Q_{1\,5} = 0{,}975\,99$

$$\frac{1}{2} m_e = 96{,}36. \qquad \log \left(\frac{1}{2} m_e\right) = 1{,}983\,896\,8.$$

$$\frac{1}{2} m_e - 1 = 95{,}36. \qquad \log \left(\frac{1}{2} m_e - 1\right) = 1{,}979\,366\,2.$$

$$\log \left(\frac{2}{m_e}\right)^{n-a} = 0{,}724\,644\,0 - 90.$$

Nr.	c	$\log \binom{n-a}{c}$	$\log (m_e - 1)^{n-a-c}$	$\log q_c$	q_c	
1	0	0,000 000 0	89,071 479 0	0,796 128 0 — 1	0,625 35	
2	1	1,653 212 5	87,092 112 8	0,469 969 3 — 1	0,295 10	
3	2	2,995 635 2	85,112 746 6	0,833 045 8 — 2	0,068 08	$Q_{2,5} = 0{,}988\,53$

$\frac{1}{3}\, m_e = 64{,}24.$ $\qquad \log\left(\frac{1}{3}\, m_e\right) = 1{,}807\,805\,5.$

$\frac{1}{3}\, m_e - 1 = 63{,}24.$ $\qquad \log\left(\frac{1}{3}\, m_e - 1\right) = 1{,}806\,991\,9.$

$\log\left(\frac{3}{m_e}\right)^{n-a} = 0{,}648\,752\,5 - 82.$

1	0	0,000 000 0	81,044 635 5	0,693 388 0 — 1	0,493 61	
2	1	1,653 212 5	79,243 643 6	0,545 608 6 — 1	0,351 24	
3	2	2,995 635 2	77,442 651 7	0,087 039 4 — 1	0,122 19	
4	3	4,151 982 4	75,641 659 8	0,442 394 7 — 2	0,027 69	$Q_{3,5} = 0{,}994\,73$

$\frac{1}{4}\, m_e = 48{,}18.$ $\qquad \log\left(\frac{1}{4}\, m_e\right) = 1{,}682\,866\,8.$

$\frac{1}{4}\, m_e - 1 = 47{,}18.$ $\qquad \log\left(\frac{1}{4}\, m_e - 1\right) = 1{,}673\,759\,9.$

$\log\left(\frac{4}{m_e}\right)^{n-a} = 0{,}270\,994\,0 - 78.$

1	0	0,000 000 0	75,319 105 0	0,590 099 0 — 1	0,389 14	
2	1	1,653 212 5	73,645 347 1	0,569 553 6 — 1	0,371 15	
3	2	2,995 635 2	71,971 589 2	0,238 218 4 — 1	0,173 07	
4	3	4,151 982 4	70,297 831 3	0,720 807 7 — 2	0,052 58	$v_{4,5} = 0{,}985\,94$
5	4	5,173 171 8	68,624 073 4	0,068 239 2 — 2	0,011 70	$Q_{4,5} = 0{,}997\,64$

$r_{5,5} = 0{,}000\,00.$

$$\begin{aligned}
\log\, Q_{1,5} &= 0{,}989\,445\,4 - 1.\\
\log\, Q_{2,5} &= 0{,}994\,989\,9 - 1.\\
\log\, Q_{3,5} &= 0{,}997\,705\,2 - 1.\\
\hline
\log\, Q_{5,4} &= 0{,}982\,140\,5 - 1.\\
\log\, Q_{4,5} &= 9{,}998\,973\,6 - 1.\\
\hline
\log\, Q_{5,5} &= 0{,}981\,114\,1 - 1.
\end{aligned}$$

$t_{e,6} = 7{,}91.$ $\qquad \log\, m_e = 2{,}357\,095\,9.$

$n = 44 + (6) = 50.$ $\qquad \log\,(m_e - 1) = 2{,}355\,183\,2.$

$n - a = 44.$

$m_e = 227{,}56.$ $\qquad \log\left(\frac{1}{m_e}\right)^{n-a} = 0{,}287\,780\,4 - 104.$

$m_e - 1 = 226{,}56.$

1	0	0,000 000 0	103,623 060 8	0,915 841 2 — 1	0,823 84	
2	1	1,643 452 7	101,272 877 6	0,204 110 7 — 1	0,160 00	$Q_{1,6} = 0{,}983\,84$

$\frac{1}{2}\, m_e = 113{,}78.$ $\qquad \log \frac{1}{2}\, m_e = 2{,}056\,065\,9.$

$\frac{1}{2}\, m_e - 1 = 112{,}78.$ $\qquad \log\left(\frac{1}{2}\, m_e - 1\right) = 2{,}052\,232\,1.$

$\log\left(\frac{2}{m_e}\right)^{n-a} = 0{,}533\,100\,4 - 91.$

1	0	0,000 000 0	90,298 212 4	0,831 312 8 — 1	0,678 13	
2	1	1,643 452 7	88,245 980 3	0,412 533 4 — 1	0,258 54	
3	2	2,973 891 1	86,193 748 2	0,700 739 7 — 2	0,050 20	$Q_{2,6} = 0{,}986\,87$

$\frac{1}{3} m_e = 75{,}85.$ $\log \frac{1}{3} m_e = 1{,}879\,955\,6.$

$\frac{1}{3} m_e - 1 = 74{,}85.$ $\log \left(\frac{1}{3} m_e - 1\right) = 1{,}874\,291\,8.$

$$\log \left(\frac{3}{m_e}\right)^{n-a} = 0{,}281\,953\,6 - 83.$$

1	0	0,000 000 0	82,464 439 2	0,746 392 8 — 1	0,557 69	
2	1	1,643 452 7	80,590 247 4	0,515 653 7 — 1	0,327 83	
3	2	2,973 891 1	78,716 055 6	0,971 900 3 — 2	0,093 74	
4	3	4,122 019 1	76,841 863 8	0,245 836 5 — 2	0,017 61	$Q_{3,6} = 0{,}996\,87$

$\frac{1}{4} m_e = 56{,}89.$ $\log \frac{1}{4} m_e = 1{,}755\,035\,9.$

$\frac{1}{4} m_e - 1 = 55{,}89.$ $\log \left(\frac{1}{4} m_e - 1\right) = 1{,}747\,334\,1.$

$$\log \left(\frac{4}{m_e}\right)^{n-a} = 0{,}778\,420\,4 - 78.$$

1	0	0,000 000 0	76,882 700 4	0,661 120 8 — 1	0,458 27	
2	1	1,643 452 7	75,135 366 3	0,557 239 4 — 1	0,360 78	
3	2	2,973 891 1	73,388 032 2	0,140 343 7 — 1	0,138 15	
4	3	4,122 019 1	71,640 698 1	0,541 137 6 — 2	0,034 76	
5	4	5,132 743 0	69,893 364 0	0,804 527 4 — 3	0,006 38	$Q_{4,6} = 0{,}998\,34$

$\frac{1}{5} m_e = 45{,}51.$ $\log \frac{1}{5} m_e = 1{,}658\,106\,8.$

$\frac{1}{5} m_e - 1 = 44{,}51.$ $\log \left(\frac{1}{5} m_e - 1\right) = 1{,}648\,457\,6.$

$$\log \left(\frac{5}{m_e}\right)^{n-a} = 0{,}043\,300\,8 - 73.$$

1	0	0,000 000 0	72,532 184 4	0,575 435 2 — 1	0,376 21	
2	1	1,643 452 7	70,883 676 8	0,570 440 3 — 1	0,371 91	
3	2	2,973 891 1	69,235 219 2	0,252 411 1 — 1	0,178 82	
4	3	4,122 019 1	67,586 761 6	0,752 081 5 — 2	0,056 50	$v_{4,6} = 0{,}983\,44$
5	4	5,132 743 0	65,938 304 0	0,114 347 8 — 2	0,013 01.	$v_{5,6} = 0{,}993\,45$
6	5	6,035 833 0	64,289 846 4	0,368 980 2 — 3	0,002 34	$Q_{5,6} = 0{,}998\,79$

$$\log Q_{1,6} = 0{,}992\,765\,5 - 1.$$
$$\log Q_{2,6} = 0{,}994\,259\,9 - 1.$$
$$\log Q_{3,6} = 0{,}998\,638\,5 - 1.$$
$$\log Q_{6,4} = 0{,}985\,663\,9 - 1.$$
$$\log Q_{4,6} = 0{,}999\,278\,5 - 1.$$
$$\log Q_{6,5} = 0{,}984\,942\,4 - 1.$$
$$\log Q_{5,6} = 0{,}999\,474\,2 - 1.$$
$$\log Q_{6,6} = 0{,}984\,416\,6 - 1.$$

$t_{e,7} = 6{,}84,$ $\log m_e = 2{,}420\,219\,9$

$n = 43 + 7 = 50,$ $\log (m_e - 1) = 2{,}418\,564\,4$

$n - a = 43,$

$m_e = 263{,}16,$ $\log \left(\frac{1}{m_e}\right)^{n-a} = 0{,}980\,544\,3 - 105$

$m_e - 1 = 262{,}16.$

1	0	0,000 000 0	103,998 269 2	0,928 813 5 — 1	0,848 82	
2	1	1,633 468 5	101,579 704 8	0,143 717 6 — 1	0,139 23	$Q_{1,7} = 0{,}988\,05$

$$\frac{1}{2}\, m_e = 131{,}59, \qquad \log \frac{1}{2}\, m_e = 2{,}119\,189\,9$$

$$\frac{1}{2}\, m_e - 1 = 130{,}58, \qquad \log \left(\frac{1}{2}\, m_e - 1\right) = 2{,}115\,876\,7$$

$$\log \left(\frac{2}{m_e}\right)^{n-a} = 0{,}874\,834\,3 - 92.$$

1	0	0,000 000 0	90,982 698 1	0,857 532 4 — 1	0,720 33	
2	1	1,633 468 5	88,866 821 4	0,375 124 2 — 1	0,237 21	
3	2	2,955 687 8	86,750 944 7	0,581 466 8 — 2	0,038 15	$Q_{2,7} = 0{,}995\,69$

$$\frac{1}{3}\, m_e = 87{,}72, \qquad \log \frac{1}{3}\, m_e = 1{,}943\,098\,6$$

$$\frac{1}{3}\, m_e - 1 = 86{,}72, \qquad \log \left(\frac{1}{3}\, m_e - 1\right) = 1{,}938\,119\,3$$

$$\log \left(\frac{3}{m_e}\right)^{n-a} = 0{,}446\,760\,2 - 84.$$

1	0	0,000 000 0	83,339 129 9	0,785 890 1 — 1	0,610 79	
2	1	1,633 468 5	81,401 010 6	0,481 239 3 — 1	0,302 82	
3	2	2,955 687 8	79,462 891 3	0,865 339 3 — 2	0,073 34	
4	3	4,091 350 3	77,524 772 0	0,062 882 5 — 2	0,011 56	$Q_{3,7} = 0{,}998\,51$

$$\frac{1}{4}\, m_e = 65{,}79, \qquad \log \frac{1}{4}\, m_e = 1{,}818\,159\,9$$

$$\left(\frac{1}{4}\, m_e - 1\right) = 64{,}79, \qquad \log \left(\frac{1}{4}\, m_e - 1\right) = 1{,}811\,508\,0$$

$$\log \left(\frac{4}{m_e}\right)^{43} = 819\,124\,3 - 79.$$

1	0	0,000 000 0	77,894 844 0	0,713 968 3 — 1	0,517 57	
2	1	1,633 468 5	76,083 336 0	0,535 928 8 — 1	0,343 50	
3	2	2,955 687 8	74,271 828 0	0,046 640 1 — 1	0,111 34	
4	3	4,091 350 3	72,460 320 0	0,370 794 6 — 2	0,023 48	
5	4	5,091 350 4	70,648 812 0	0,559 286 6 — 3	0,003 62	$Q_{4,7} = 0{,}999\,51$

$$\frac{1}{5}\, m_e = 52{,}63 \qquad \log \frac{1}{5}\, m_e = 1{,}721\,233\,4$$

$$\frac{1}{5}\, m_e - 1 = 51{,}63 \qquad \log \left(\frac{1}{5}\, m_e - 1\right) = 1{,}712\,902\,1$$

$$\log \left(\frac{5}{m_e}\right)^{n-a} = 0{,}986\,963\,8 - 75.$$

1	0	0,000 000 0	73,654 790 3	0,641 754 2 — 1	0,438 28	
2	1	1,633 468 5	71,941 888 2	0,562 120 5 — 1	0,364 86	
3	2	2,955 687 8	70,228 986 1	0,171 637 7 — 1	0,148 47	
4	3	4,091 350 3	68,516 084 0	0,594 398 1 — 2	0,039 30	
5	4	5,091 350 4	66,803 181 9	0,881 505 1 — 3	0,007 61	
6	5	5,983 445 0	65,090 279 2	0,060 688 6 — 3	0,001 15	$Q_{5,7} = 0{,}999\,67$

$\frac{1}{6} m_e = 43,86$ $\log\left(\frac{1}{6} m_e\right) = 1,642\,068\,86$

$\frac{1}{6} m_e - 1 = 42,86$ $\log\left(\frac{1}{6} m_e - 1\right) = 1,632\,052\,2$

$\log\left(\frac{6}{m_e}\right)^{n-a} = 0,391\,050\,2 - 71.$

1	0	0,000 000 0	70,178 244 6	0,569 294 8 — 1	0,370 93	
2	1	1,633 468 5	68,546 192 4	0,570 711 1 — 1	0,372 14	
3	2	2,955 687 8	66,914 140 2	0,260 878 2 — 1	0,182 34	
4	3	4,091 350 3	65,282 088 0	0,764 488 5 — 2	0,058 14	$v_{4,7} = 0,983\,55$
5	4	5,091 350 4	63,650 035 8	0,132 436 4 — 2	0,013 56	$v_{5,7} = 0,997\,11$
6	5	5,983 445 0	62,017 983 6	0,392 478 8 — 3	0,002 47	$v_{6,7} = 0,999\,58$
7	6	6,785 077 3	60,385 931 4	0,562 058 9 — 4	0,000 36	$Q_{7,7} = 0,999\,94$

$\log Q_{1,7} = 0,994\,778\,9 - 1.$
$\log Q_{2,7} = 0,998\,124\,1 - 1.$
$\log Q_{3,7} = 0,999\,352\,4 - 1.$

$\log Q_{7,4} = 0,992\,255\,4 - 1.$
$\log Q_{4,7} = 0,999\,737\,1 - 1.$

$\log Q_{7,5} = 0,992\,042\,5 - 1.$
$\log Q_{5,7} = 0,999\,856\,7 - 1.$

$\log Q_{7,6} = 0,991\,899\,2 - 1.$

$t_{e,8} = 6,01,$ $\log m_e = 2,476\,396\,8$

$n = 42 + 8 = 50,$ $\log (m_e - 1) = 2,474\,944\,3$

$n - a = 42,$ $\log \frac{1}{m_e} = 0,991\,334\,4 - 105.$

$m_e = 299,50,$

$m_e\,1 = 298,50.$

1	0	0,000 000 0	103,947 660 6	0,938 995 0 — 1	0,868 95	
2	1	1,623 249 3	101,472 716 3	0,087 300 0 — 1	0,122 26	$Q_{1,8} = 0,991\,21$

$\frac{1}{2} m_e = 149,75,$ $\log \frac{1}{2} m_e = 2,175\,366\,8$

$\frac{1}{2} m_e - 1 = 148,75.$ $\log\left(\frac{1}{2} m_e - 1\right) = 2,172\,457\,0$

$\log\left(\frac{2}{m_e}\right)^{42} = 0,634\,594\,4 - 92,$

1	0	0,000 000 0	91,243 194 0	0,877 788 4 — 1	0,754 72	
2	1	1,623 249 3	99,070 737 0	0,328 580 7 — 1	0,213 10	
3	2	2,935 003 1	86 898 280 0	0,467 877 5 — 2	0,029 36	$Q_{2,8} = 0,097\,18$

$\frac{1}{2} m_e = 99,83,$ $\log \frac{1}{3} m_e = 1,999\,261\,1$

$\frac{1}{3} m_e - 1 = 98,83,$ $\log\left(\frac{1}{3} m_e - 1\right) = 1,994\,888\,8$

$\log\left(\frac{3}{m_e}\right)^{42} = 0,031\,033\,8 - 84.$

1	0	0,000 000 0	83,785 329 6	0,816 362 4 — 1	0,655 18	
2	1	1,623 249 3	81,790 440 8	0,444 723 9 — 1	0,278 43	
3	2	2,935 003 1	79,795 552 0	0,761 588 9 — 2	0,057 76	
4	3	4,059 941 8	77,800 663 2	0,891 638 8 — 3	0,007 79	$Q_{3,8} = 0,999\,16$

$\frac{1}{4} m_e = 74{,}88,$ $\log \frac{1}{4} m_e = 1{,}874\,865\,8$

$\frac{1}{4} m_e = 73{,}88,$ $\log \left(\frac{1}{4} m_e - 1\right) = 1{,}868\,526\,9$

$\log \left(\frac{4}{m_e}\right)^{42} = 0{,}276\,636\,4.$

1	0	0,000 000 0	76,478 129 8	0,754 766 2 — 1	0,568 55	
2	1	1,623 249 3	76,609 602 9	0,509 488 6 — 1	0,323 21	
3	2	2,935 003 1	74,741 076 0	0,952 715 5 — 2	0,089 68	
4	3	4,059 941 8	72,872 549 1	0,209 127 3 — 2	0,016 19	
5	4	5,048 946 6	71,004 022 2	0,329 605 2 — 3	0,002 14	$Q_{4,8} = 0{,}999\,77$

$\frac{1}{5} m_e = 59{,}90.$ $\log \frac{1}{5} m_e = 1{,}777\,426\,8.$

$\frac{1}{5} m_e = 58{,}90.$ $\log \left(\frac{1}{5} m_e - 1\right) = 1{,}770\,115\,3.$

$\log \left(\frac{5}{m_e}\right)^{n-a} = 0{,}348\,074\,4 - 75.$

1	0	0,000 000 0	74,344 842 6	0,692 917 0 — 1	0,493 08	
2	1	1,623 249 3	72,574 727 3	0,546 051 0 — 1	0,351 60	
3	2	2,935 003 1	70,804 612 0	0,087 689 5 — 1	0,122 37	
4	3	4,059 941 8	69,034 492 7	0,442 508 9 — 2	0,027 70	
5	4	5,048 946 6	67,264 381 4	0,661 402 4 — 3	0,004 59	
6	5	5,929 760 2	65,494 266 1	1,772 100 7 — 4	0,004 59	$Q_{5,8} = 0{,}999\,93$

$\frac{1}{7} m_e = 42{,}79,$ $\log \frac{1}{7} m_e = 1{,}631\,342\,3$

$\frac{1}{7} m_e = 41{,}79,$ $\log \left(\frac{1}{7} m_e - 1\right) = 1{,}621\,072\,4$

$\log \left(\frac{7}{m_e}\right)^{n-a} = 0{,}483\,623\,4 - 69.$

1	0	0,000 000 0	68,085 040 8	0,568 664 2 — 1	0,370 39	
2	1	1,623 249 3	66,463 968 4	0,570 841 1 — 1	0,372 26	
3	2	2,935 003 1	64,842 896 4	0,261 522 5 — 1	0,182 61	
4	3	4,059 941 8	63,221 823 5	0,765 388 8 — 2	0,058 26	$v_{4,3} = 0{,}983\,52$
5	4	5,048 946 6	61,600 751 2	0,133 321 2 — 2	0,013 59	$v_{5,8} = 0{,}997\,11$
6	5	5,929 760 2	59,979 678 8	0,398 062 4 — 3	0,002 47	$v_{6,8} = 0{,}999\,56$

$\log Q_{1,8} = 0{,}996\,165\,7 - 1.$

$\log Q_{2,8} = 0{,}998\,773\,6 - 1.$

$\log Q_{3,8} = 0{,}999\,635\,0 - 1.$

$\log Q_{8,4} = 0{,}994\,574\,3 - 1.$

$\log Q_{4,8} = 0{,}999\,900\,1 - 1.$

$Q_{8,5} = 0{,}994\,474\,4 - 1.$

$\log Q_{5,8} = 0{,}999\,969\,6 - 1.$

$\log Q_{8,6} = 0{,}994\,444\,0 - 1.$

VII.

$$R_a = \sum_i^n r_a$$

$$v_4 = 1{,}0000$$
$$1 - v_4 = 0{,}0000$$
$$\log v_4 = 0{,}000\,00$$
$$\log P_{4,s} = 0{,}917\,284\,0 - 1$$
$$\log Q_4 = 0{,}965\,954\,5 - 1$$
$$\log v_4 = 0{,}000\,000\,0$$
$$\log K_4 = 0{,}883\,238\,5 - 1$$
$$K_4 = 0{,}764\,26$$

$$r_4 = w_4\,K_4$$
$$\log K_4 = 0{,}883\,238\,5 - 1$$
$$\log w_4 = 0{,}546\,369\,6 - 2$$
$$0{,}429\,608\,1 - 2$$
$$\boldsymbol{r_4 = 0{,}026\,891.}$$

$v_{4,5} = 0{,}985\,94$, $\log v_{4,5} = 0{,}993\,850\,5 - 1$

$1 - v_{4,5} = 0{,}014\,06$, $\log(1 - v_{4,5}) = 0{,}147\,985\,3 - 2$

$$\log P_{5,s} = 0{,}936\,599\,5 - 1$$
$$\log Q_5 = 0{,}982\,140\,5 - 1$$
$$\log(v_{4,5}) = 0{,}993\,850\,5 - 1$$
$$0{,}912\,590\,5 - 1$$
$$P_{5,s} \cdot Q_5 \cdot (v_{4,5}) \qquad 0{,}817\,69$$

$$\log Q_5 = 0{,}982\,140\,5 - 1$$
$$\log(1 - v_{4,5}) = 0{,}147\,985\,3 - 2$$
$$0{,}130\,125\,8 - 1$$
$$Q_5 \cdot (1 - v_{4,5}) \qquad 0{,}013\,49$$
$$0{,}831\,18$$

$$\log K_5 = 0{,}919\,695\,1 - 1$$
$$\log w_5 = 0{,}957\,699\,0 - 3$$
$$\log r_5 = 0{,}877\,394\,1 - 3$$
$$r_5 = 0{,}007\,540$$

$v_{4,6} = 0{,}983\,44$, $\log v_{4,6} = 0{,}992\,747\,9 - 1$

$(1 - v_{4,6}) = 0{,}016\,56$, $\log(1 - v_{4,6}) = 0{,}216\,060\,3 - 2$

$$\log P_{6,s} = 0{,}949{,}400\,0 - 1$$
$$\log Q_6 = 0{,}985\,663\,9 - 1$$
$$\log(v_{4,6}) = 0{,}992\,747\,9 - 1$$
$$0{,}927\,811\,8 - 1$$
$$P_{6,s} \cdot Q_6 \cdot v_{4,6} \qquad = 0{,}846\,86$$

$$\log Q_6 = 0{,}985\,663\,9 - 1$$
$$\log(1 - v_{4,6}) = 0{,}216\,060\,3 - 2$$
$$0{,}201\,724\,2 - 2$$
$$Q_6 \cdot (1 - v_{4,6}) \qquad = 0{,}015\,91$$
$$K_6 = 0{,}862\,77$$

$$\log K_6 = 0{,}935\,895\,0 - 1$$
$$\log w_6 = 0{,}280\,301\,5 - 3$$
$$\log r_6 = 0{,}216\,196\,5 - 3$$
$$r_6 = 0{,}001\,645$$

$v_{4,7} = 0{,}983\,55,\quad \log v_{4,6} = 0{,}992\,796\,4 - 1$

$1 - v_{4,7} = 0{,}016\,45,\quad \log\,(1 - v_{4,6}) = 0{,}216\,165\,9 - 2$

$$\log P_{7,8} = 0{,}958\,247\,0 - 1$$
$$\log Q_7 = 0{,}992\,225\,4 - 1$$
$$\log v_{4,7} = 0{,}992\,796\,4 - 1$$
$$0{,}943\,298\,8 - 1 \qquad 0{,}877\,60$$
$$\log Q_7 = 0{,}992\,255\,4 - 1$$
$$\log 1 - v_{4,7} = 0{,}216\,165\,9 - 2$$
$$0{,}208\,421\,4 - 2 \qquad 0{,}016\,16$$
$$K_7 = 0{,}893\,76$$
$$\log K_7 = 0{,}951\,220\,9 - 1$$
$$\log w_7 = 0{,}526\,197\,5 - 4$$
$$\log r_7 = 0{,}477\,418\,4 - 4$$
$$r_7 = 0{,}000\,300$$

$v_{4,8} = 0{,}983\,52,\quad \log v_{4,8} = 0{,}992\,783\,2 - 1$

$l - v_{4,8} = 0{,}016\,48,\quad \log\,(l - v_{4,8}) = 0{,}216\,957\,2 - 2$

$$\log P_{8,8} = 0{,}964\,862\,8 - 1$$
$$\log Q_{8,4} = 0{,}994\,574\,3 - 1$$
$$\log v_{4,8} = 0{,}992\,783\,2 - 1$$
$$0{,}952\,220\,3 - 1 \qquad 0{,}895\,82$$
$$\log Q_{8,4} = 0{,}994\,574\,3 - 1$$
$$\log\,(l - v_{4,8}) = 0{,}216\,957\,2 - 2$$
$$0{,}211\,531\,5 - 2 \qquad 0{,}016\,27$$
$$0{,}912\,09$$
$$\log K_8 = 0{,}960\,637\,7 - 1$$
$$\log w_8 = 0{,}704\,117\,4 - 5$$
$$\log r_8 = 0{,}664\,755\,1 - 5$$
$$r_8 = 0{,}000\,046$$
$$R_4 = 0{,}036\,422$$

$$v_{5,5} = 1{,}0000\,0$$
$$1 - v_{5,5} = 0{,}0000\,0$$
$$\log P_{5,8} = 0{,}936\,599\,5 - 1$$
$$\log Q_{5,5} = 0{,}981\,114\,1 - 1$$
$$\log v_{5,5} = 0{,}000\,000\,0$$
$$\log K_5 = 0{,}917\,713\,6 - 1$$
$$K_5 = 0{,}827\,40$$
$$\log K_5 = 0{,}917\,713\,6 - 1$$
$$\log w_5 = 0{,}957\,699\,0 - 3$$
$$\log r_5 = 0{,}875\,412\,6 - 3$$
$$r_5 = 0{,}007\,523\,4$$

$v_{5,6} = 0{,}996\,45,\quad \log v_{5,6} = 0{,}998\,455\,5 - 1$

$(1 - v_{5,6}) = 0{,}003\,55,\quad \log (1 - v_{5,6}) = 0{,}550\,228\,4 - 3$

$\log P_{6,s} = 0{,}949\,400\,0 - 1$
$\log Q_6 = 0{,}984\,942\,4 - 1$
$\log v_{5,6} = 0{,}998\,455\,5 - 1$
$0{,}932\,797\,9 - 1$

$P_{6,s} \cdot Q_6 \cdot v_{5,6} = 0{,}856\,64$

$\log Q_6 = 0{,}984\,942\,4 - 1$
$\log (1 - v_{5,6}) = 0{,}550\,228\,4 - 3$
$0{,}535\,170\,8 - 3$

$Q_6 (1 - v_{5,6}) = 0{,}003\,44$

$K_6 = 0{,}860\,08$

$\log K_6 = 0{,}934\,538\,8 - 1$
$\log w_6 = 0{,}280\,301\,5 - 3$
$\log r_6 = 0{,}214\,840\,3 - 3$
$r_6 = 0{,}001\,640$

$v_{5,7} = 0{,}997\,11,\quad \log v_{5,7} = 0{,}994\,365\,6 - 1$

$1 - v_{5,7} = 0{,}002\,89,\quad \log 1 - v_{5,7} = 0{,}460\,897\,8 - 3$

$\log P_{7,s} = 0{,}958\,247\,0 - 1$
$\log Q_7 = 0{,}992\,042\,5 - 1$
$\log v_{5,7} = 0{,}994\,365\,6 - 1$
$0{,}944\,655\,1 - 1 \qquad 0{,}880\,35$

$\log Q_7 = 0{,}992\,042\,5 - 1$
$\log (1 - v_{5,7}) = 0{,}460\,897\,8 - 3$
$0{,}452\,930\,3 - 3 \qquad 0{,}002\,84$

$0{,}883\,19$

$\log K_7 = 0{,}946\,039\,4 - 1$
$\log w_7 = 0{,}526\,197\,5 - 4$
$\log r_7 = 0{,}472\,236\,9 - 4$
$r_7 = 0{,}000\,296$

$v_{5,8} = 0{,}997\,11,\quad \log v_{5,8} = 0{,}998\,743\,1 - 1$

$1 - v_{5,8} = 0{,}002\,89,\quad \log 1 - v_{5,8} = 0{,}460\,897\,8 - 3$

$\log P_{8,8} = 0{,}964\,862\,8 - 1$
$\log Q_{8,5} = 0{,}994\,474\,4 - 1$
$\log v_{5,8} = 0{,}998\,743\,1 - 1$
$0{,}958\,080\,3 - 1 \qquad 0{,}907\,99$

$\log Q_{8,5} = 0{,}994\,474\,4 - 1$
$\log (1 - v_{5,8}) = 0{,}460\,897\,8 - 3$
$0{,}455\,372\,2 - 3 \qquad 0{,}002\,85$

$K_8 \qquad 0{,}910\,84$

$\log K_8 = 0{,}959\,442\,1 - 1$
$\log w_8 = 0{,}704\,117\,4 - 3$
$\log r_8 = 0{,}663\,559\,5$
$r_8 = 0{,}000\,046$

$R_5 = 0{,}009\,505$

$$v_{6,6} = 1{,}000\,00$$
$$1 - v_{6,6} = 0{,}000\,00$$

$$\log P_{6,8} = 0{,}949\,400\,0 - 1$$
$$\log Q_6 = 0{,}984\,416\,6 - 1$$
$$\log v_{6,6} = 0{,}000\,000\,0 - 0$$
$$\overline{0{,}933\,816\,6 - 1}$$

$$P_{6,8} \cdot Q_6 \cdot v_{6,6} = \qquad 0{,}858\,65$$

$$\log K_6 = 0{,}933\,816\,6 - 1$$
$$\log w_6 = 0{,}280\,301\,5 - 3$$
$$\overline{0{,}214\,118\,1 - 3}$$
$$r_6 = 0{,}001\,637$$

$$v_{6,7} = 0{,}999\,58, \qquad \log v_{6,7} = 0{,}999\,817\,6 - 1$$
$$1 - v_{6,7} = 0{,}000\,42, \qquad \log (1 - v_{6,7} = 0{,}623\,249\,3 - 4$$

$$\log P_{7,8} = 0{,}958\,247\,0 - 1$$
$$\log v_{6,7} = 0{,}999\,817\,6 - 1$$
$$\log Q_6 = 0{,}991\,899\,2 - 1$$
$$\overline{0{,}939\,963\,8 - 1} \qquad 0{,}870\,89$$
$$\log Q_6 = 0{,}991\,899\,2 - 1$$
$$\log (1 - v_{6,7}) = 0{,}623\,249\,3 - 4$$
$$\overline{0{,}615\,148\,5 - 4} \qquad 0{,}000\,41$$
$$K_7 \qquad \overline{0{,}871\,30}$$

$$\log K_7 = 0{,}940\,167\,7 - 1$$
$$\log W_7 = 0{,}526\,197\,5 - 4$$
$$\overline{\log r_7 = 0{,}466\,365\,2 - 4}$$
$$r_7 = 0{,}000\,293$$
$$r_8 = 0{,}000\,046$$
$$R_6 = 0{,}001\,976$$

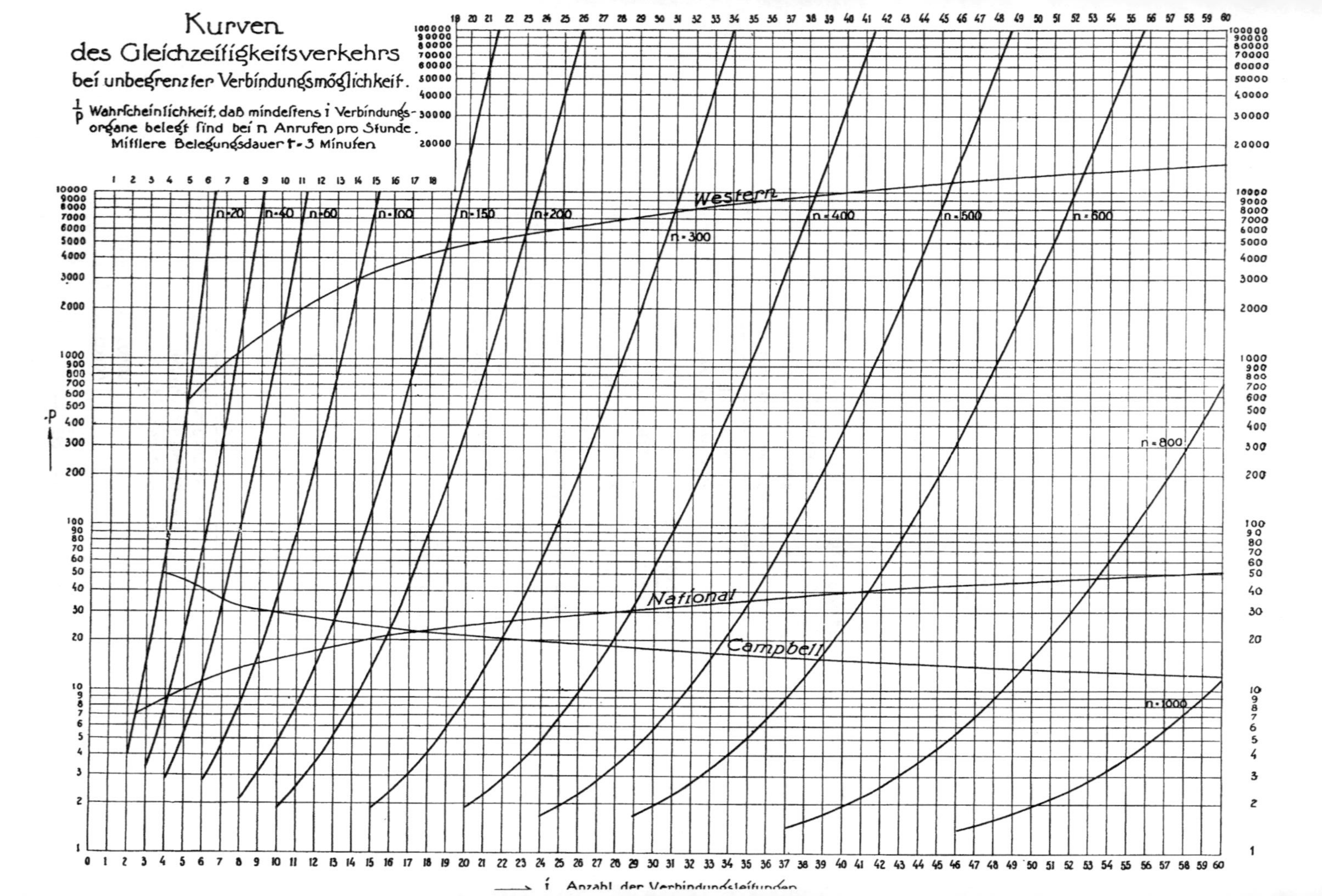

Kurven
des Gleichzeitigkeitsverkehrs
bei unbegrenzter Verbindungsmöglichkeit.
$\frac{1}{p}$ Wahrscheinlichkeit, daß mindestens i Verbindungsorgane belegt sind bei n Anrufen pro Stunde.
Mittlere Belegungsdauer t = 3 Minuten
p
n = 20
n = 40
n = 60
n = 100
n = 150
n = 200
n = 300
n = 400
n = 500
n = 600
n = 800
n = 1000
Western
National
Campbell
i Anzahl der Verbindungsleitungen